dtv
premium

Eveline Kosenbach

LIEBLING
verzweifelt gesucht

Aus dem Leben
einer Tierfahnderin

Zusammen mit Bettina Lemke

Deutscher Taschenbuch Verlag

MIX
Papier aus verantwortungsvollen Quellen
FSC® C013736

Originalausgabe 2013

Umschlagkonzept: Balk & Brumshagen
Umschlagfoto: gettyimages/Jane Burton
Satz: Bernd Schumacher, Obergriesbach
Druck und Bindung: Kösel, Krugzell
Gedruckt auf säurefreiem, chlorfrei gebleichtem Papier
Printed in Germany · ISBN 978-3-423-26009-1

»Das Mitgefühl mit allen Geschöpfen ist es, was Menschen erst wirklich zum Menschen macht.«

Albert Schweitzer

Hinweis

Die Geschichten in diesem Buch basieren auf wahren Begebenheiten. Namen von Personen sowie persönliche Angaben und Orte wurden in vielen Fällen abgeändert bzw. abgekürzt, um die Privatsphäre der Betroffenen zu schützen. Jede Ähnlichkeit mit anderen Personen ist rein zufällig und nicht beabsichtigt.

Wenn ein Tier vermisst wurde, wissen wir meistens nicht, wo genau es war und was es inzwischen erlebt hat. Einige Passagen in diesem Buch behandeln ebendiese Zeitabschnitte und erzählen die Geschichte des Tiers weiter, so wie sie sich wahrscheinlich zugetragen hat oder zugetragen haben könnte. Diese Teile der Erzählung sind naturgemäß spekulativ und zur besseren Unterscheidung in einer anderen Schrift gesetzt.

Inhalt

Ich lebe für die Tiere

Tiere habe ich schon immer geliebt. Meine ersten Lebensjahre verbrachte ich in einem idyllischen Bergdorf im österreichischen Pinzgau in der Nähe von Zell am See. Unser Haus war umgeben von Bauernhöfen. Tiere gehörten zu unserem Leben dazu. Die Hühner von den Nachbarhöfen liefen auf der Straße herum, es gab Hunde, Katzen und Kühe auf den Weiden. Hin und wieder stand eine Kuh mitten in unserem Garten. Wenn das passierte, brachten wir sie ohne viel Aufhebens wieder auf ihre Weide zurück. Es war für uns normal, gut mit den Tieren umzugehen. Meine Familie hatte einen Hund und mehrere Katzen.

Als ich erwachsen war, habe ich mir in meiner ersten eigenen Wohnung in München ein Aquarium mit Fischen zugelegt. Oft saß ich stundenlang davor und beobachtete das bunte Treiben hinter den Glasscheiben. Es hatte etwas so Beruhigendes. Mein nächstes Tier war ein Hamster. Ich übernahm ihn von einem Bekannten, der ihn nicht mehr haben wollte. Danach hatte ich ein Kaninchen. Leider mochte es keine Artgenossen. Es war ein Albino mit roten Augen und einem chronischen Schnupfen. Auch dieses Tier hatte ich von einer Frau

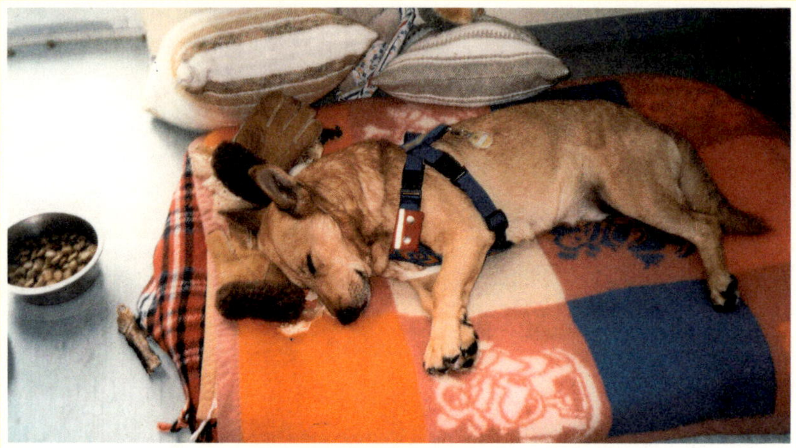

aus meinem Bekanntenkreis übernommen, da sie es nicht länger betreuen konnte. Einen Garten hatte ich damals nicht, aber das Kaninchen durfte frei in meiner Wohnung herumlaufen. Sein Käfig stand immer offen. Ich hing sehr an ihm und versuchte alles Mögliche, um seinen Schnupfen wegzubekommen, doch auch zahlreiche Besuche beim Tierarzt halfen nicht weiter. Trotzdem ist es acht Jahre alt geworden.

Danach hatte ich nacheinander mehrere Hunde aus dem Tierheim. Alle waren aufgrund ihrer Vorgeschichte besonders pflegebedürftig. Da war zum Beispiel Dingo, ein kleiner Mischling, der aus dem Kosovo stammte. Er war von einer engagierten Tierfreundin aufgelesen worden, die zahlreiche herrenlose Tiere aus dem ehemaligen Kriegsgebiet gerettet hat, die dann in Deutschland an tierliebe Menschen vermittelt wurden. Die Tiere konnten erst an der Grenze von Vertretern der deutschen Tierschutzvereine in Empfang genommen werden. Dingo fehlte ein Bein, aber er war ein unglaublicher Kämpfer und sein Lebenswille reichte für zwei Hunde. Trotz seiner Behinderung kam er sehr gut zurecht und man spürte, dass er »da sein« wollte. Er war ein fröhlicher kleiner Kerl. Zu der Zeit, als Dingo bei mir war, nahm ich zudem die langhaarige Perser-Chinchilla-Katze Sandy aus dem Tierheim auf. Sie war völlig abgemagert in einem Schacht gefunden worden und verstand sich überhaupt nicht mit ihren Artgenossen. Aber sie mochte Hunde. Dingo gegenüber verhielt sie sich absolut cool, obwohl der anfangs sehr skeptisch war und ziemlich unfreundlich dreinblicken konnte. Irgendwie wusste sie, wie sie mit ihm umgehen musste. Sie marschierte seelenruhig an ihm vorbei, während er sie angespannt fixierte. Nach einem halben Jahr hatte er sich an sie gewöhnt und akzeptierte sie. Oft lagen sie – mit gebührendem Abstand – gemeinsam auf dem Bett. Er

auf der einen, sie auf der anderen Seite, ohne sich dabei anzusehen. Es war, als hätten sie stillschweigend ein Übereinkommen getroffen, dass jeder der Beteiligten ein bestimmtes Herrschaftsgebiet für sich beanspruchte, das vom anderen auch nicht infrage gestellt wurde. Ein Bild für die Götter.

Seit ich im Tierheim arbeite, betreue ich in besonderen Fällen vorübergehend auch Pflegehunde. So war zum Beispiel einmal ein sehr alter Hund bei mir, dessen

Besitzer ins Krankenhaus musste. Es gab keine Angehörigen oder Freunde, die sich um das Tier kümmern konnten. Und für den Hund wäre ein Aufenthalt im Tierheim eine zu große Belastung gewesen. Aber bei aller Tierliebe muss man auch vernünftig bleiben und oft Nein sagen. Sonst gerät man in Gefahr, sich selbst zu vernachlässigen.

Seit einigen Jahren ist der schwarze Chow-Chow-Mischling Shadow mein treuer Begleiter. Er kommt ebenfalls aus dem Tierheim. Er war als junger Hund in einem finsteren Schuppen gehalten worden und hatte anfangs panische Angst davor, im Dunklen alleine zu bleiben. Außerdem leidet er an Arthrose und einer Allergie. Seine Panik hat er mittlerweile überwunden. Heute kann ihn nichts mehr aus der Ruhe bringen. Natürlich ist seine Pflege etwas aufwendiger als bei einem rundum gesunden Hund. Aber auch kranke, schwierige oder einfach pflegebedürftige Tiere haben es verdient, dass wir uns um sie kümmern. Sie danken es uns jeden Tag mit ihrer Liebe und Treue.

Bevor ich begann, im Münchner Tierheim zu arbeiten, war ich im öffentlichen Dienst angestellt. Aber die Tätigkeit dort erfüllte mich auf Dauer nicht. Und so entstand in mir der Wunsch, meine Leidenschaft zum Beruf zu machen. Also bewarb ich mich im Tierheim und wurde sofort eingestellt. Diese Entscheidung hat mein Leben völlig verändert. Ich übernahm die Leitung der Vermisstenstelle und lebe seitdem nicht nur privat, sondern auch beruflich für die Tiere. Ihnen gehört mein Herz und ich versuche stets, mich mit meiner ganzen Kraft für sie einzusetzen.

Man muss mit dem Herzen dabei sein

Es gibt viele Tierheime in Deutschland, aber nur eins mit einer Vermisstenstelle, das Tierheim München. Als ich vor über 17 Jahren begann, dort zu arbeiten, gab es die Vermisstenstelle bereits. Allerdings wurde sie nur nebenbei von einer Kollegin betreut, die eigentlich in einem ganz anderen Bereich tätig war. Es gab ein paar wenige Ordner mit Vermisstenmeldungen und Einträgen zu Fundtieren sowie ein paar wichtige Telefonnummern – etwa von einigen Polizeidienststellen.

Im Laufe der Jahre hat sich die Anzahl der Ordner vervielfacht und die Arbeit hat ständig zugenommen. Mittlerweile gehen jährlich circa 4000 Vermisstenmeldungen aus dem Großraum München bei mir ein. 95 Prozent der Tiere kann ich an ihre Besitzer zurückvermitteln. Wenn ein Fundtier bei uns abgegeben wird, versuche ich, mit allen Mitteln seine Herkunft herauszufinden, auch wenn mir nur sehr spärliche Informationen zur Verfügung stehen. Wie eine Detektivin gehe ich jedem Hinweis nach, versuche Informationen zu bekommen und auszuwerten, um die Tiere und ihre Besitzer möglichst schnell wieder zusammenzubringen. Ich setze alle Hebel in Bewegung, nutze alle Kontakte, die ich habe, und muss mir in vielen Fällen individuelle Lösungen und Ermittlungsmethoden einfallen lassen, um den Tieren zu helfen.

Bei der Arbeit in der Vermisstenstelle ist häufig nicht nur ein detektivischer Spürsinn gefragt, man muss auch viel Ausdauer haben und energisch bleiben, sonst erreicht man wenig. Es kommt vor, dass ich diverse Male bei einer Polizeidienststelle anrufe, um genauere Informationen zu einem Tier zu bekommen, das von Polizeibeamten bei uns abgegeben wurde. Oder ich gehe Tierärzten auf die Nerven, die etwas über ein Fundtier wissen könnten. Häufig heißt es dann: »Ach, Sie schon wieder, Frau Kosenbach. Worum geht es denn dieses Mal?« Die meisten meiner Ansprechpartner sind sehr freundlich und hilfsbereit. Ich vermute, sie schmunzeln manchmal über mich, weil ich partout nicht lockerlasse. Aber ich bemühe mich immer zu erklären, warum mein Anliegen so dringlich ist. Und in vielen Fällen bekomme ich dann schließlich doch eine Information, die mich entscheidend weiterbringt.

Mittlerweile gibt es ein großes Netzwerk aus ehrenamtlichen Helfern, die ich ebenfalls um Unterstützung bitten kann. Etwa wenn wir versuchen, einen entlaufenen Hund einzufangen, und wenn Futterplätze für ihn eingerichtet werden sollen. Oder wenn die Besitzer eines Fundtiers dringend benachrichtigt werden müssen, dass es gefunden wurde und wir keine Telefonnummer, sondern nur eine Wohnadresse von ihnen haben.

Oft wende ich mich auch an die Finder von Tieren und bitte sie, mir zu helfen – zum Beispiel, indem sie Plakate mit einem Foto des Fundtiers im Umkreis des

Fundorts aushängen. Die Plakate erhalten sie von mir. Darauf steht in der Regel: »Wer vermisst mich?« sowie eine Beschreibung des Tiers. Auf diese Weise versuche ich, Besitzer ausfindig zu machen, die ihr Tier nicht als vermisst gemeldet haben.

Auch das Internet spielt in diesem Zusammenhang eine wichtige Rolle. Viele Tierfreunde erreiche ich über unsere Facebook-Seite (https://www.facebook.com/tierschutzverein.muenchen). Hier stellen wir vermisste Tiere ein oder informieren über Fundtiere. Und häufig finde ich auf diesem Weg weitere Helfer, die Suchplakate in der Umgebung ihres Wohnortes aufhängen oder uns auf andere Weise unterstützen. Ohne unsere freiwilligen Helfer und ehrenamtlichen Mitarbeiter könnte ich längst nicht so erfolgreich arbeiten. Sie opfern viel Zeit und viele von ihnen zeigen einen großen Einsatz für die Tiere.

Die Zahl der Haustiere allein im Großraum München hat in den letzten zehn Jahren um circa zehn Prozent zugenommen. Und die Tendenz ist steigend. In der Stadt und im Landkreis leben etwa 45 000 Hunde, 120 000 Katzen und 150 000 bis 200 000 Kleintiere. Viele Menschen rechnen nicht damit, dass ihnen ihr Tier abhandenkommen könnte, und wissen nicht, was sie in einem solchen Fall tun sollen. Die hohe Zahl der Vermisstenmeldungen zeigt aber, wie häufig das vorkommt. So etwas ist sehr schnell passiert – eine kleine Unachtsamkeit, ein offen stehendes Fenster beim Reinigen des Vogelkäfigs, die unwiderstehliche Fährte einer läufigen Hündin beim Gassigehen mit dem Rüden, ein Knall, der ein Tier erschreckt, sodass es in Panik davonrennt, all das sind Situationen, in denen ein Tier verloren gehen kann.

Im Durchschnitt gehen täglich circa 40 Anrufe bei mir ein. Darüber hinaus bekomme ich zahllose E-Mails. Schon wenn ich morgens gegen 7 Uhr in mein Büro komme, blinkt meine Telefonanlage und zeigt mir an, wie viele Leute seit meinem Arbeitsende am Vortag angerufen haben. Und morgens sind in der Regel schon 30 bis 40 E-Mails aufgelaufen, die am Abend oder in der Nacht eingetroffen sind. Ich versuche, diese Mails vor der offiziellen Öffnungszeit zu bearbeiten, damit nichts liegen bleibt. Denn jeden Tag kommen neue Fälle.

In meinem kleinen Büro geht es oft zu wie in einem Taubenschlag. Tierbesitzer möchten ihren Liebling abholen, der bei uns abgegeben wurde. Ehrenamtliche Mitarbeiter schauen vorbei, um genauer mit mir zu besprechen, wie sie bei der Suche nach einem vermissten Tier vorgehen sollen. Tierpfleger berichten mir, in welchem gesundheitlichen Zustand die Neuzugänge sind. Gleichzeitig klingelt pausenlos das Telefon. Verzweifelte Tierbesitzer melden sich. Ich versuche, ihnen sehr aufmerksam zuzuhören, damit mir keine wichtige Information entgeht.

Nicht selten bin ich eine Art Kummerkasten für die Leute. Man muss viel Verständnis haben und sich viele Sorgen, Nöte und Ängste anhören. Ich erfahre oft traurige oder belastende Dinge. Manchmal ist ein Tier ausgebüxt und wird tot aufgefunden. Tiere werden misshandelt und gequält. Das kommt immer noch häufig genug vor. Hin und wieder muss ich selbst schlucken bei den Geschichten, die ich zu hören bekomme. Aber ich darf mir nichts anmerken lassen. Ich versuche die Leute zu trösten, ihnen Mut zu machen und sie gut zu beraten. Meldet jemand sein Tier als vermisst, sage ich, was man konkret tun kann, um es wiederzufinden. Darüber hinaus versuche ich eindringlich zu vermitteln, dass man nicht aufgeben darf. Auch hier belegen es die Zahlen: Die meisten Tiere werden wiedergefunden. Aber man muss etwas dafür tun. Und manchmal benötigt man viel Ausdauer. Am Ende dieses Buchs finden Sie einen Notfallplan, in dem aufgelistet ist, was Sie tun können, wenn Sie Ihr Tier vermissen (s. S. 219f.).

Neben all den Telefonaten und Gesprächen in meinem Büro versuche ich parallel, die Fundtiere ihren Besitzern zuzuordnen. Diese Arbeit ist häufig sehr auf-

Der Stadplan in meinem Büro

Ein Teil der Ordner aus 12 Monaten

wendig. Trotzdem muss alles schnell gehen, weil jeden Tag neue Fälle gemeldet werden. Wie die Kommissare in den Fernsehkrimis nutze ich einen großen Stadtplaner. Mit Stecknadeln markiere ich die Orte, an denen Tiere abhandengekommen sind.

Mithilfe dieses Plans vergleiche ich die Fundtiere aus einem bestimmten Umkreis mit den Tieren aus den Vermisstenanzeigen. Finde ich hier keine Übereinstimmung, richte ich mich in erster Linie nach der Farbe der Fundtiere und prüfe, zu welcher Beschreibung aus den Vermisstenordnern sie passen könnte.

Ich arbeite nach wie vor mit einem System aus zahlreichen Ordnern, da ich die Tiere auf diese Weise am besten zuordnen kann. In einer Datenbank im Computer kann man leicht etwas übersehen.

Eine zusätzliche Schwierigkeit bei der Rückvermittlung der Tiere besteht darin, dass manche Besitzer, die eine Vermisstenanzeige bei uns aufgeben, ihr Tier nicht richtig beschreiben können. Sie geben zum Beispiel eine falsche Rasse oder Fellfarbe an. Wird das Tier dann gefunden, muss ich solche Faktoren berücksichtigen, damit ich es seinen Besitzern zuordnen kann. Nicht alle haben Fotos von ihrem Haustier. Dann kann ich nur mit der Beschreibung arbeiten. Ich muss extrem aufpassen, damit mir ja kein Tier »durchrutscht« und aufgrund einer Unachtsamkeit nicht an seine Besitzer zurückgeführt werden kann. Ich bin für jedes Tier verantwortlich und muss deshalb hoch konzentriert zu arbeiten, um keine Fehler zu machen.

Ein klassischer Fall ist folgender: Ich bekomme den Anruf eines Tierfreunds, der mir sagt, er habe eine getigerte Katze gefunden. Er ist bereit, sie so lange in Pflege zu behalten, bis der Besitzer gefunden wurde, damit sie nicht ins Tierheim muss. Er kann nicht sagen, ob es sich um eine männliche oder weibliche Katze handelt. Dann sehe ich Hunderte von Vermisstenmeldungen durch, und zwar nicht nur die mit getigerten, sondern auch mit gestromten Katzen, weil diese Fellfarben häufig verwechselt werden.

Die meisten Fundtiere sind zum Glück tätowiert und mittlerweile auch gechipt. Das erleichtert meine Arbeit ungemein. Eine aufwendige Suche ist in diesen Fällen häufig nicht nötig. Sofern eine Tätowierung gut lesbar ist, lässt sich in aller Regel der Tierarzt ermitteln, der das Tier tätowiert hat. Und meistens kann er mir dann auch die Besitzer nennen. Lässt sich eine Tätowierung nicht eindeutig entziffern, tüftele ich häufig lange herum, um den richtigen Tierarzt zu ermitteln.

Ist ein Tier gechipt und registriert – zum Beispiel bei der Organisation TASSO (Adresse, s. S. 211), mit der ich eng zusammenarbeite, ist es ein Leichtes, die Besitzer zu finden. Vorausgesetzt, die Daten sind noch aktuell. Es ist in jedem Fall ratsam, Haustiere registrieren zu lassen. Man kann das mithilfe einer Tätowierung, eines Mikrochips oder auch einer Plakette am Halsband tun. Die Chancen, ein Tier im Fall eines Verlusts wiederzufinden, steigen damit enorm.

Glücklicherweise habe ich in meiner täglichen Arbeit mit vielen »ganz normalen« Fällen zu tun: Ein Fundtier wird im Tierheim abgegeben, ich finde eine gut lesbare Tätowierung, rufe den entsprechenden Tierarzt an, der gibt mir die Adresse der Besitzer, sie werden verständigt und holen ihren Liebling bei uns ab. Aber neben diesen klassischen, unkomplizierten Rückführungen habe ich auch zahlreiche knifflige Fälle, für deren Lösung ich viel kombinieren und einen großen Einsatz bringen muss. Diese Arbeit erfordert eine gehörige Portion Ausdauer und starke Nerven. Außerdem muss man abschalten und traurige Geschichten gut verarbeiten können. Vor allem aber muss man mit ganzem Herzen dabei sein. Sonst wäre es nicht zu schaffen.

Im Laufe der Jahre habe ich viele kuriose und spannende Geschichten erlebt. Die meisten gingen gut aus, manche waren auch sehr traurig, andere wiederum richtig lustig. Einige davon werden in diesem Buch erzählt.

Appell an die Leser

Es gibt viele Haustiere, die vermisst werden oder ausgesetzt wurden. Sie irren häufig herum und manche werden übersehen, obwohl sie in einem schlechten Zustand sind und dringend unsere Hilfe benötigen. Bitte seien Sie aufmerksam und kümmern Sie sich um ein Tier, wenn es offensichtlich herrenlos ist. Verständigen Sie ein Tierheim in Ihrer Nähe oder die Polizei. Bitte beachten Sie auch Folgendes: Falls Sie ein Tier mit nach Hause nehmen, sind Sie verpflichtet, es zu melden. Wer ein Tier einfach behält, begeht Fundunterschlagung. Wenn jeder mit offenen Augen durch die Welt geht und sein Herz für das Schicksal der Tiere öffnet, kann sehr viel Leid vermieden werden.

Wie vom Erdboden verschluckt

Es war wieder mal ein hektischer Tag in der Vermisstenstelle des Tierheims. Ständig klingelte das Telefon. Verzweifelte Hunde- und Katzenbesitzer meldeten sich, weil sie ihre Vierbeiner vermissten. Andere fragten nach, ob das entlaufene Tier mittlerweile vielleicht schon gefunden worden war. Wie immer versuchte ich, die Anrufer zu beruhigen und ihnen Mut zu machen. Die meisten Tiere werden wieder gefunden, wenn man intensiv nach ihnen sucht und die Hoffnung nicht aufgibt.

Gerade hatte ich den Hörer aufgelegt, als es erneut läutete. Eine aufgeregte Hundebesitzerin aus Wolfratshausen war am anderen Ende der Leitung. Sie hatte ihren Rauhaardackel Xaver beim Spazierengehen im Wald verloren. »Wenn ich draußen in der Natur mit ihm Gassi gehe«, erzählte Frau F. atemlos, »lasse ich Xaver ohne Leine laufen, denn er gehorcht sehr gut. Er hat einen starken Jagdtrieb und er liebt es, frische Fährten von Hasen, Rehen und anderen Tieren aufzuspüren, aber er kommt jedes Mal zu mir zurück, wenn ich ihn rufe. Heute war er plötzlich spurlos verschwunden. Als ich ihn das letzte Mal gesehen habe, hat er mit der

Nase über dem Boden irgendeine Spur verfolgt. Dann habe ich ihn aus den Augen verloren und er kam nicht wieder. Ich habe ewig nach ihm gesucht und ihn immer wieder gerufen, aber er ist wie vom Erdboden verschluckt. Ich mache mir sehr große Sorgen. Wenn ihm nun etwas zugestoßen ist? Vielleicht hat er sich verletzt und liegt irgendwo hilflos im Wald. Können Sie mir sagen, was ich tun kann, damit ich meinen kleinen Xaver wiederfinde?«

Ich schlug Frau F. vor, noch einmal genau zu der Stelle zu gehen, an der sie ihren Dackel aus den Augen verloren hatte, und mich von dort aus mit dem Handy anzurufen. Ich wollte mir zum einen ein möglichst genaues Bild von dem Gelände machen, in dem Xaver verschwunden war. Zum anderen konnte es sein, dass er inzwischen wieder aufgetaucht war und schon sehnsüchtig auf seine Besitzerin wartete. Denn das kommt häufig vor, wenn Tiere zunächst anscheinend spurlos verschwunden sind.

Frau F. war sofort einverstanden und kehrte zu der Stelle zurück, an der sie Xaver zuletzt gesehen hatte. Noch einmal suchte sie alles sehr gründlich ab, rief nach ihm und lauschte angestrengt, ob sie irgendwo ein Winseln oder Bellen hören konnte. Doch nach wie vor gab es keine Spur …

Unten war es dunkel und eng. Von oben drangen kaum Geräusche durch. Noch immer hatte Xaver den verlockenden Duft in der Nase, der ihn hierher geführt hatte. Aber dieser unwiderstehliche Fuchsgeruch, der seinen Jagdinstinkt geweckt hatte und ihn alles um sich herum vergessen ließ, interessierte ihn nun nicht mehr. Denn er konnte sich kaum noch bewegen. Mit Karacho hatte er sich bei der Verfolgung dieser so verführerischen Fährte in den Gang gestürzt, der unter die Erde führte. Aber der hat sich nach einigen Metern so verengt, dass er nicht mehr weiterkam. Er steckte fest. Er strampelte und versuchte, sich mit seinen kurzen Hinterbeinen weiter zu schieben. Dabei verklemmte er sich nur noch stärker in der Röhre. Nach vorne ging es keinen Zentimeter mehr. In seiner Panik versuchte er es nun rückwärts. Doch so sehr er sich mit aller Kraft hin und her wand, er konnte sich nicht befreien. Er schlug mit dem Kopf gegen die Decke, doch das führte nur dazu, dass ihm von oben herab Erde in die Augen rieselte. Nach einer Weile gab er auf. Es hatte keinen Sinn, er musste sich in sein Schicksal fügen. Erschöpft legte er den Kopf auf den lehmigen Boden und schloss die Augen.

Frau F. rief mich, wie besprochen, vom Handy aus in der Vermisstenstelle an und beschrieb mir, wie die Umgebung aussah: »Ich bin mitten in einem Wald mit großen Laub- und Nadelbäumen, durch den ein kleiner Weg führt. Auf diesem Pfad bin ich vor ein paar Stunden auch mit Xaver entlanggelaufen. Da ist er losgerannt, als hätte er etwas Interessantes gewittert. Im Moment stehe ich ein paar Meter von einem großen Baum entfernt. Ungefähr an der Stelle habe ich Xaver zuletzt gesehen. Ich war etwas entfernt, daher konnte ich nicht genau erkennen, wo er von hier aus hingelaufen ist. Ich kann mir überhaupt nicht vorstellen, wo er sein könnte, und ich kann leider auch keine Spuren sehen, weil der

Boden sehr trocken ist. Aber was ist denn das?«, stockte sie plötzlich.

»Was sehen Sie denn?«, hakte ich nach.

»Da ist ein Loch«, erwiderte Frau F., »es sieht aus wie … ja, ich glaube, es ist der Eingang zu einem Fuchsbau!«

»Da wird Ihr Xaver drin sein«, sagte ich sofort. Meinem Gefühl nach musste es genau so sein. Nach allem, was Frau F. über ihren Dackel erzählt hatte, hielt ich es für sehr unwahrscheinlich, dass er einfach weggelaufen war. Wenn er gerne Fährten verfolgte und sie ihn bei dem Eingang zum Fuchsbau zuletzt gesehen hatte, war es mehr als wahrscheinlich, dass er tatsächlich hineingekrabbelt und irgendwo steckengeblieben war.

»Glauben Sie wirklich, dass Xaver sich in dem Fuchsbau befindet?«, fragte Frau F. zögernd.

»Ja, ich bin mir ganz sicher, dass er da drin ist und feststeckt«, antwortete ich. »Wundern Sie sich nicht, wenn Sie ihn nicht winseln oder bellen hören. Vielleicht ist er ja zu tief unter der Erdoberfläche. Und außerdem: Wenn Hunde in Panik geraten, sind sie oft ganz still, geben keinen Laut mehr von sich.«

»Ja, möglich wäre es schon«, sagte Frau F. Sie beugte sich zum Eingang des Fuchsbaus hinunter und versuchte, in den Gang hineinzuschauen. »Das würde auch erklären, warum Xaver nicht zu mir zurückgekommen ist, obwohl ich so oft nach ihm gerufen habe. Aber was soll ich denn jetzt tun?«, fragte sie. »Ich kann in dem Gang nichts erkennen. Wenn Xaver tatsächlich irgendwo da unten feststeckt, wie soll ich ihn je wieder von dort herausbekommen?«

»Sie sollten die Feuerwehr rufen«, sagte ich. »Ohne fremde Hilfe werden Sie es kaum schaffen, Xaver zu retten. Es ist allerdings möglich, dass Sie die Kosten für den Einsatz übernehmen müssen.«

»Natürlich wäre ich bereit, die Kosten zu übernehmen«, antwortete Frau F. empört. »Für meinen Xaver würde ich alles tun. Ich hoffe nur, der arme kleine Kerl hat sich nichts getan. Aber wie sollen wir ihn bloß finden? Soweit ich weiß, können die Gänge von einem Fuchsbau ziemlich lang sein. Wo um Himmels willen soll die Feuerwehr anfangen, nach ihm zu graben?«

Ein Fuchsbau kann in der Tat sehr große Ausmaße haben. Häufig besteht er aus einem weitverzweigten Labyrinth aus unterirdischen Röhren, die sich in manchen Fällen sogar über einige Hundert Meter erstrecken und mehrere Meter tief unter die Erde führen. Wenn die Feuerwehr an der falschen Stelle nach Xaver suchte, konnte die ganze Aktion endlos dauern. Man musste den Dackel möglichst schnell befreien. Bestimmt war er in Panik, und wenn es noch zu einem Konflikt mit einem Fuchs kam, konnte das richtig gefährlich werden.

Ich versuchte mir die Situation noch einmal genau vorzustellen. Ich wusste, dass Füchse ihre Höhlen häufig unter den Wurzeln von Bäumen anlegen, und ich vermutete, dass der Gang, in den Xaver wahrscheinlich hineingelaufen war, zu dem großen Baum führte, den Frau F. mir beschrieben hatte. Mehr Hinweise hatte ich ja nicht, aber ich war mir sehr sicher, dass ich wusste, wo Xaver steckte. Ich sagte zu ihr: »Die Feuerwehrleute sollen zwischen dem Eingang zum Fuchsbau und dem großen Baum nach Xaver graben, und zwar circa zwei

Meter von dem Baum entfernt. Ich kann Ihnen nicht genau sagen, warum, aber ich bin sicher, dass Ihr Hund dort ist.«

Die verzweifelte Frau F. vertraute mir. Sie folgte meinem Rat und verständigte umgehend die Feuerwehr. Die Feuerwehrleute waren allerdings sehr skeptisch. Woher sollte man denn wissen, dass der Dackel sich tatsächlich in dem Gang befand? Schließlich hatte niemand ihn darin verschwinden sehen. Aber Frau F. ließ nicht locker, und so rückten sie schließlich aus und ließen es auf einen Versuch ankommen. Mit Schaufel und Spitzhacken ausgerüstet trafen sie bei Frau F. ein, und sie zeigte ihnen die Stelle, wo sie mit dem Graben beginnen sollten. Keiner wollte so richtig glauben, dass man den Dackel ausgerechnet an dieser Stelle finden würde, aber irgendwo musste man ja anfangen. Vorsichtig begannen die Feuerwehrleute die Erde zu lockern und Schicht um Schicht abzutragen.

Xaver war eingeschlafen. Als er aufwachte, wusste er zunächst nicht, wo er war. Seine Glieder schmerzten und er war sehr durstig. Dann merkte er wieder, dass er gefangen war. Abermals versuchte er unter Aufbietung all seiner Kräfte, sich frei zu strampeln. Aber es war aussichtslos. Er ließ den Kopf auf den Boden sinken. Was hätte er darum gegeben, sein Frauchen wiederzusehen. Sie hätte ihn getröstet, gekrault und gefüttert. Aber war da nicht etwas? Ein Geräusch? Xaver hob den Kopf und lauschte. Ja, da war etwas. Er konnte es deutlich hören. Nun drangen immer mehr Geräusche von oben zu ihm herab. Ein Scharren und Klopfen. Er begann wieder mit dem Kopf gegen die Decke des Gangs zu schlagen. Er wollte nur noch hier raus.

Frau F. starrte angestrengt auf den Waldboden. Sie hatte große Angst um ihren Xaver, sie befürchtete, dass er durch die Werkzeuge der Feuerwehrleute verletzt werden könnte. Aber die Helfer arbeiteten sehr konzentriert und behutsam. Sie wussten ja nicht, in welcher Tiefe der Gang unter der Oberfläche verlief und ob er sich tatsächlich dort befand, wo sie den Boden aufgruben. Nach einer Weile, die Frau F. wie eine halbe Ewigkeit erschien, stieß einer der Feuerwehrleute mit seinem Spaten endlich in einen Hohlraum. »Tatsächlich, hier ist eine Röhre«, sagte er aufgeregt. Er beugte sich weit hinunter, um in den Gang hineinzusehen, und konnte etwa eine Armlänge entfernt eine Pfote erkennen. Sie hatten Xaver gefunden.

Stück für Stück buddelten sie den Hund aus seinem Gefängnis aus. Sobald er frei war, sprang er unversehrt aus dem Fuchsbau heraus, stürmte auf Frau F. zu und tobte um sie herum. Die beiden waren überglücklich, und sie streichelte und herzte ihren kleinen Xaver. »Das war wirklich ein Glückstreffer«, sagte einer der Feuerwehrleute. »Es ist kaum zu glauben, dass Ihr Hund tatsächlich genau an dieser Stelle war. Unsere Suche hätte auch viel länger dauern können und – ganz ehrlich – wenn die Dame von der Vermisstenstelle und Sie nicht so überzeugt gewesen wären, dass Ihr Hund in diesem Bau ist, wären wir nicht gekommen.«

Nachdem die erste Aufregung sich gelegt hatte, rief Frau F. mich an und berichtete mir von dem glücklichen

Ausgang der Suchaktion. Sie bedankte sich sehr herzlich und sagte: »Frau Kosenbach, ich glaube, Sie haben einen siebten Sinn. Selbst die Feuerwehrleute konnten nicht glauben, wie genau Sie die Stelle bestimmt haben, an der Xaver war.«

»Ja, das mit dem siebten Sinn, das haben mir schon mehrere Leute gesagt«, antwortete ich. »Ich kann mich eben sehr gut in die Tiere hineinversetzen und meistens hilft mir auch meine langjährige Erfahrung beim Auffinden verschollener Tiere weiter. Es freut mich jedenfalls sehr, dass ich Ihnen helfen konnte und dass Sie Ihren Xaver wohlbehalten wiederhaben. Wahrscheinlich wird er um Fuchsbauten ab nun einen weiten Bogen machen.«

Von alleine wäre Xaver wahrscheinlich nie mehr aus dem Fuchsbau herausgekommen und elendiglich darin verhungert. Nicht zuletzt dank der Entschlossenheit seiner Besitzerin und dem Eingreifen der Feuerwehr konnte er vor diesem Schicksal bewahrt werden.

Der Höllenritt

Eines Tages brachte ein freundliches Rentnerehepaar eine dreifarbige Fundkatze ins Tierheim. Sie hatte eine eingegipste Pfote und ich wollte natürlich wissen, was passiert war.

Erich und Hannelore B. waren mit dem Auto von München aus auf der Stuttgarter Autobahn unterwegs gewesen. Sie wollten Bekannte in Schwaben besuchen. Kurz vor Ulm, als Herr B. gerade im Begriff war, einen Tanklastwagen zu überholen, fiel seiner Frau auf dem Dach des Lkw ein etwas eigenartig aussehender Stofflappen auf. Sie sah genauer hin und erschrak entsetzlich. »Nein, das kann doch gar nicht sein! Das glaube ich jetzt nicht«, sagte sie und starrte wie gebannt auf den Tanklaster. Ihr Mann ging vom Gas und blieb auf Höhe des Lkw. »Ich glaube«, stammelte seine Frau, »ich glaube, da ist ein Tier auf dem Tankwagen. Ja, jetzt bin ich mir ganz sicher, dass es kein Stofffetzen ist. Um Himmels willen, da oben ist eine Katze. Eine lebendige Katze!«

Herr B. dachte zunächst, seine Frau hätte sich getäuscht. Aber dann sah er ebenfalls zu dem Lkw hoch und erkannte, dass sie recht hatte, dass das kein Stofflappen war, der dort hing. Auf dem Tanklaster war eine Katze, die sich verzweifelt an der Halterung eines großen Tankdeckels festkrallte.

»Tatsächlich, nun sehe ich sie auch«, sagte er fassungslos. »Wie ist sie bloß dort hinaufgekommen? Das ist ja schrecklich. Es sieht so aus, als könne sie sich kaum noch halten. Wer weiß, wie lange sie schon dort oben ist. Das arme Tier muss eine Todesangst haben.«

»Wir müssen sofort etwas unternehmen«, drängte Frau B. »Wenn sie herunterfällt, ist das ihr sicheres Ende. Und auch für die Autofahrer ist es extrem gefährlich. Stell dir nur vor, was alles passieren könnte, wenn jemand bei dieser Geschwindigkeit abrupt abbremst oder das Steuer verreißt. Gar nicht auszudenken.«

»Du hast recht«, stimmte er zu. »Wir müssen sofort etwas tun. Wir werden versuchen, den Lkw zu stoppen. Ich fahre neben das Fahrerhäuschen und du signalisierst dem Fahrer, dass er anhalten soll, o.k.?«

»Ich werde es versuchen«, seufzte Frau B. »Bitte, halte durch, Kätzchen, wir helfen dir. Halte nur noch ein kleines bisschen durch!«

Herr B. beschleunigte etwas und als sie auf gleicher Höhe mit dem Fahrer des Tankwagens waren, begann seine Frau heftig zu gestikulieren. Gleichzeitig betätigte ihr Mann mehrmals die Hupe. Der Lkw-Fahrer sah irritiert zu ihnen hinunter. Frau B. deutete auf das Dach des Tankwagens und versuchte ihm dann zu signalisieren, dass er anhalten sollte. Der Fahrer blickte völlig verständnislos drein. Doch die beiden ließen nicht locker. Herr B. hupte abermals und Frau B. gestikulierte, damit der Fahrer endlich verstand. Der sah mittlerweile ziemlich verärgert aus.

»Er reagiert nicht«, sagte Frau B. »Er versteht nicht, was wir von ihm wollen. Was machen wir denn jetzt?« Besorgt sah sie sich nach der Katze um, die sich noch immer an die Tankdeckelhalterung klammerte. In diesem Moment fuhr der Lkw über eine Bodenwelle, sodass das Tier einen Satz nach oben machte. Frau B. schlug vor Schreck die Hände vors Gesicht und stieß einen kurzen Schrei aus. Sie wagte es nicht, wieder hinzusehen.

»Was ist passiert, Hanni?«, fragte ihr Mann. Er konnte sich nicht umsehen, er musste sich auf den Verkehr konzentrieren.

»Diese grässliche Bodenwelle gerade eben hat die Katze in die Luft geschleudert«, sagte seine Frau mit zitternder Stimme. Sie hielt sich noch immer die Augen zu. »Ich weiß nicht, ob sie sich festhalten konnte. Ich traue mich nicht hinaufzusehen.«

Herr B. drosselte das Tempo und ließ sich mit dem Wagen etwas zurückfallen, damit er selbst zum Dach des Lkw hinaufschauen konnte.

»Sie ist noch da, Hanni«, sagte er rasch. »Gott sei Dank, sie konnte sich halten. Aber ich glaube, sie schafft das nicht mehr lange.«

Frau B. stieß einen Seufzer der Erleichterung aus. Der Wagen des Ehepaars befand sich noch immer auf der Überholspur neben dem Lkw. Die Autobahn war stark befahren und auf diesem Streckenabschnitt nur zweispurig. Hinter ihnen hatte sich bereits eine lange Schlange gebildet. Der Fahrer des Wagens unmittelbar hinter ihnen hatte offensichtlich mitbekommen, was los war, und hielt Abstand, aber die darauffolgenden Autos begannen bereits zu hupen.

»Wir können den Verkehr nicht länger blockieren«, sagte Herr B. nervös.

»Ich habe eine Idee«, antwortete seine Frau und zog einen Zettel aus dem Handschuhfach. Darauf schrieb sie rasch mit Großbuchstaben KATZE! HINTEN!

»Das könnte funktionieren«, sagte er. »Schau mal, da ist ein Hinweisschild. In zwei Kilometern kommt ein Parkplatz. Dort könnte der Lkw abfahren. Er muss unbedingt von der Autobahn runter. Ich werde versuchen, ihn dorthin zu lotsen. Egal wie!«

»Ja, versuchen wir es, aber sei vorsichtig«, sagte seine Frau. »Halt bloß durch, Kätzchen.«

Herr B. beschleunigte und schob sich an den vorderen Teil des Tanklasters heran. Wieder hupte er mehrfach, während seine Frau den Zettel gegen das Seitenfenster hielt und dem Fahrer gestikulierend verständlich zu machen versuchte, dass er beim Parkplatz abfahren sollte. Der Lkw-Fahrer begriff nicht. Es waren nur noch wenige Hundert Meter bis zur Parkplatzausfahrt. Da fasste Herr B. sich ein Herz, blinkte rechts und scherte knapp vor dem Lkw ein. Dann schaltete er den Warnblinker ein und reduzierte das Tempo immer mehr. Seine Frau streckte ihren Arm durch das geöffnete Seitenfenster und signalisierte dem Tankwagen-Fahrer, dass er rechts abbiegen sollte. Dem blieb nun nichts anderes mehr übrig, als abzubremsen und ebenfalls auf den Parkplatz zu fahren. Dort kamen die beiden Fahrzeuge zum Stehen.

Der Lkw-Fahrer kletterte aus seinem Fahrerhäuschen und stapfte wütend auf die Senioren zu. Auch sie stiegen aus. Er baute sich vor ihnen auf, stemmte die Hände in die Hüften und wetterte: »Ich hoffe für Sie, dass das kein schlechter Scherz ist. Was fällt Ihnen ein, mich von der Autobahn abzudrängen. Und was soll der Spruch KATZE! HINTEN! bitte schön bedeuten?«

»Entschuldigen Sie bitte vielmals«, erwiderte Frau B. »Es tut uns wirklich sehr leid, aber als Sie auf unser Hupen nicht reagiert haben, blieb uns keine andere Wahl. Ob Sie es glauben oder nicht, auf Ihrem Tankwagen ist eine Katze. Es sah so aus, als würde sie jeden Moment herunterfallen. Stellen Sie sich vor, die Katze wäre einem anderen Fahrer vors Auto gefallen. Wir mussten einfach etwas tun.«

»Eine Katze auf meinem Tankwagen?«, brummte der Fahrer. »Sind Sie sicher?«

»Ja, ganz sicher«, antwortete Herr B. »Schauen Sie selbst.« Und ging zum hinteren Teil des Lkw. Die beiden anderen folgten ihm. Oben auf dem Tankdeckel krallte sich immer noch die Katze fest.

»Ja, ist denn das die Möglichkeit!«, rief der Lkw-Fahrer. »So was habe ich auch noch nicht erlebt.« Er kletterte kurzerhand die Leiter zum Dach des Tanklasters hinauf, zog das zitternde Tier mit einer Hand sanft zu sich heran und trug es vorsichtig die Leiter hinunter. Es war ölverschmiert, mehr tot als lebendig und offensichtlich am Ende seiner Kräfte.

»Na, das war ja wohl Rettung in letzter Minute«, murmelte der Lkw-Fahrer und fügte hinzu: »Entschuldigen Sie bitte, dass ich Sie gerade so angefahren habe, aber ich konnte wirklich nicht wissen, dass ich einen blinden Passagier an Bord habe und so einen hübschen noch dazu.« Er kraulte die Katze, die erschöpft in seinen Armen lag.

»Ja, sie ist wirklich hübsch«, sagte Frau B. »Solche dreifarbigen Katzen nennt man auch Glückskatzen. Und in diesem Fall passt der Name wirklich. Was für ein Glück, dass wir sie noch rechtzeitig bemerkt haben. Wie lange sind Sie denn eigentlich schon unterwegs?«

»Ich komme aus Oberbayern, genauer gesagt aus Obertaufkirchen, im Landkreis Mühldorf. Ich bin schon gute 200 Kilometer gefahren, ohne anzuhalten. Wahrscheinlich ist die Katze vom Dach einer Tankstelle auf das Fahrzeug geklettert. Du armes kleines Ding. Was musst du nur durchgemacht haben.«

»Ich kann mir gar nicht vorstellen, wie sie das geschafft hat«, sagte Herr B. »So lange dort oben herumgebeutelt zu werden, das muss ja ein wahrer Höllenritt gewesen sein. Eins steht jedenfalls fest: Diese Katze ist eine echte Kämpferin.«

Herr und Frau B. boten dem Lkw-Fahrer an, sich um das Tier zu kümmern. Er war sehr froh darüber, denn er musste seine Termine einhalten und eigentlich unbedingt weiterfahren. Sie verabschiedeten sich, und das Ehepaar sagte den Besuch bei seinen Bekannten ab. Die beiden wollten sofort wieder nach München zurück, um die Katze in die Tierklinik zu bringen. Offensichtlich hatte sie sich an der Pfote verletzt. Frau B. wickelte sie behutsam in eine Decke und legte sie auf den Rücksitz des Autos. Dann setzte sie sich daneben und streichelte das immer noch zitternde Tier.

In der Klinik stellte man fest, dass Mausi – so wurde die Katze später genannt – sich eine Pfote gebrochen hatte. Es grenzte wirklich an ein Wunder, dass sie nicht vom Tankwagen heruntergefallen war. Aber abgesehen von der gebrochenen Pfote war sie noch einmal mit dem Schrecken davongekommen. Die Pfote wurde eingegipst und Herr und Frau B. bezahlten ohne zu zögern die Rechnung der Tierklinik – an die 200 Euro.

Dann brachten sie die Katze direkt zu uns ins Tierheim. Sie hätten sie gerne behalten, konnten das aber nicht, weil sie häufig unterwegs waren. Doch bei uns war sie in guten Händen, das wussten sie. Das hübsche Tier bekam besonders viel Aufmerksamkeit. Schließlich hatte Mausi auch viel durchgemacht. Außerdem war sie eine extrem verschmuste Katze. Die ersten Tage lag sie mit ihrer eingegipsten Pfote meistens auf einem flauschigen Kissen und genoss es ganz offensichtlich, umsorgt und verhätschelt zu werden.

Nun begann meine Arbeit. Ich stellte ein Foto von Mausi ins Internet und rief Tierfreunde über Facebook dazu auf, Aushänge im Bereich Obertaufkirchen im Landkreis Mühldorf zu machen, von wo der Tankwagenfahrer aufgebrochen war. Freiwillige meldeten sich und hängten zahlreiche Suchzettel aus. Außerdem gab unsere Medienreferentin die Geschichte an verschiedene Zeitungen weiter. Sie berichteten über Mausis abenteuerliche Fahrt und druckten auch ein Foto von ihr ab. Aber leider meldete sich kein Besitzer bei uns.

Nach ein paar Wochen ging es Mausi wieder gut und der Gips konnte von ihrer Pfote entfernt werden. Es war an der Zeit, sie an einen guten Platz zu vermitteln, und es dauerte auch nicht lange, bis sich sehr nette Leute bei uns meldeten. Bei ihnen hat Mausi ein liebevolles

Zuhause gefunden. Unseren Pflegern ist der Abschied von dieser besonders liebenswerten Katze sehr schwergefallen. Aber wir haben uns alle darüber gefreut, dass die kleine Kämpferin ihr Abenteuer so gut überstanden hat.

Vermisst im Erdinger Moos

Der Golden-Retriever-Welpe drückte sich winselnd in eine Ecke seiner Transportbox. Er war es nicht gewohnt, eingesperrt zu sein. Die Box stand festgezurrt im Bauch eines Flugzeugs, das von Barcelona nach München unterwegs war. Die dröhnenden Motoren schüchterten ihn ein. Außerdem ruckelte die Boeing und sackte manchmal sogar etwas ab, wenn sie in Turbulenzen geriet. Eigentlich hatte Sandro das große Los gezogen. Aber natürlich wusste er nicht, dass er nun unterwegs nach Deutschland war, wo ein Zuhause für ihn gefunden werden sollte. Er hatte hier im Bauch des Flugzeugs einfach nur panische Angst. Durch das ständige Schaukeln wurde ihm übel. Als das Flugzeug wieder einmal nach unten durchsackte, rebellierte sein Magen, er musste sich übergeben.

Bisher hatte der viermonatige Welpe nur das Leben auf Spaniens Straßen kennengelernt. Das hatte ihm allerdings schon einiges abverlangt. Er war als Straßenhund zur Welt gekommen und hatte lernen müssen, sich selbst durchzuschlagen. Jeden Tag musste er sich aufs Neue auf Futtersuche begeben. Hauptsächlich hatte er sich von Abfällen ernährt. An guten Tagen begegnete er freundlichen Touristen, die seinem bettelnden Blick nicht widerstehen konnten und ihm etwas zu fressen gaben. Aber er musste stets auf der Hut sein, denn viele spanische Restaurant- und Ladenbesitzer mochten es gar nicht, wenn er in die Nähe ihrer Geschäfte kam. Einer hatte sogar mit Steinen nach ihm geworfen. Das hatte ihn gelehrt, Abstand zu halten und sich Menschen nur sehr vorsichtig zu nähern.

Vor ein paar Tagen war die Mitarbeiterin einer privaten deutschen Tierhilfeorganisation auf ihn gestoßen und hatte ihn aufgelesen. Mit viel gutem Zureden, Geduld und duftenden Leckerlis hatte sie ihn angelockt. Sie nannte ihn Sandro. Schließlich verlor er seine Angst und ließ sich von ihr streicheln. Da hatte sie ihn vorsichtig auf den Arm genommen und in ihr Auto verfrachtet. Die Tierhilfeorganisation kümmert sich um herrenlose Hunde in Spanien und versucht, sie vorwiegend in Deutschland an gute Plätze zu vermitteln. Für den Transport werden jeweils »Flugpaten« gesucht – freiwillige Betreuer, die ein Tier im Flugzeug mitnehmen und dann bei einer Kontaktstelle der Tierhilfeorganisation in Deutschland abgeben. Auch im Fall von Sandro hatte sich ein nettes Paar gefunden, das sich bereit erklärt hatte, den Welpen am Ende eines Spanienurlaubs nach München zu bringen.

Als das Ehepaar S. am Münchner Flughafen im Erdinger Moos die Transportbox in Empfang nahm, war der kleine Hund in keinem guten Zustand. Er wirkte völlig verstört und hatte sich offensichtlich während des Flugs mehrfach übergeben. Sie luden die Transportbox zunächst ins Auto, das sie auf dem Langzeitparkplatz stehen gelassen hatten, verließen das Flughafengelände und hielten dann an einer Seitenstraße an. Sie wollten Sandro so schnell wie möglich aus seiner Transportbox befreien und einen Spaziergang mit ihm machen, damit er sich etwas bewegen und von den Strapazen der Reise erholen konnte. Doch als sie die Tür der Box öffneten, um dem Hund die Leine anzulegen, machte er plötzlich einen Satz nach vorne und schoss in Panik über eine Wiese davon.

Alles Rufen half nichts, die beiden konnten nur noch hilflos zusehen, wie der kleine Golden Retriever in einem angrenzenden Wald verschwand. Sie schnappten sich ein paar Hundeleckerlis, um ihn damit anzulocken, sperrten das Auto ab und rannten über die Wiese zu der Stelle, wo der Welpe im Wald verschwunden war. Angestrengt hielten sie Ausschau. Es war nichts von ihm zu sehen. Sie durchforsteten das Waldstück und suchten die umliegenden Wiesen und Felder ab. Keine Spur von Sandro.

Nach langem vergeblichen Suchen und Rufen fuhr das Paar schließlich nach Hause. Von dort aus riefen sie mich völlig verzweifelt in meinem Büro an und baten um Hilfe. Sie machten sich große Vorwürfe, dass Sandro ihnen entwischt war. Ich riet ihnen, erneut alles abzusuchen und darüber hinaus möglichst viele Aushänge in der Umgebung zu machen mit der Bitte, sich telefonisch zu melden, wenn jemand auf den Hund stieß. Aber sie sollten auch ausdrücklich darauf vermerken, dass man nicht versuchen sollte, ihn selbst einzufangen. Denn ein Hund in Panik lässt sich nicht fangen. Er wird nur noch mehr verängstigt, wenn er sich gejagt fühlt.

Dann setzte ich mich sofort mit einigen Zeitungen in

Verbindung, die das Münchner Tierheim bereits häufiger unterstützt hatten. Meine Ansprechpartner in den Redaktionen sagten mir zu, dass sie eine Vermisstenmeldung für Sandro veröffentlichen und darin die Leser bitten würden, sich sofort bei mir zu melden, falls jemand den Welpen irgendwo sah. Sobald ich wusste, wo der Hund sich in etwa aufhielt, konnte ich dort eine Futterstelle mit Nassfutter einrichten lassen. Wenn Sandro da öfters aufkreuzte, konnte man nach einer Weile auch eine Hundefalle aufstellen.

Tagelang hörte ich nichts und machte mir große Sorgen um den Golden Retriever. Er war ja noch so klein und musste nun in einer völlig fremden Umgebung zurechtkommen. Je länger er auf sich alleine gestellt war, umso scheuer würde er werden. Das Warten wurde zur Qual. Es ist immer schlimm, wenn man nichts tun kann, außer abzuwarten. Endlich erhielt ich einen Anruf von einem Tierfreund, der den Welpen beim Spazierengehen im Erdinger Moos gesehen hatte. Wie zu erwarten, hatte Sandro einen sehr ängstlichen Eindruck gemacht und sich nicht von dem Mann anlocken lassen. Aber wenigstens wusste ich nun, dass er sich noch im weiteren Umfeld des Flughafens aufhielt.

Der Spaziergänger erklärte sich sofort bereit, eine Futterstelle für den Welpen einzurichten und sie regelmäßig zu kontrollieren. Am nächsten Tag kam er wieder hin. Aber das Futter war nicht angerührt worden. Das war eine große Enttäuschung. Wir hatten uns schon solche Hoffnungen gemacht, dass wir den Bereich eingrenzen konnten, wo Sandro sich aufhielt. Nun sah es ganz so aus, als würden wir ihn erneut verlieren.

Nachts rollte Sandro sich zum Schlafen unter den überhängenden Zweigen eines großen Strauchs am Waldrand zusammen. Tagsüber streifte er auf der Suche nach etwas Fressbarem umher. Aber hier im Wald, auf den Wiesen und Feldern fand er nicht viel. Ein in Butterbrotpapier gewickeltes Käsebrot, das einem Wanderer aus der Tasche gefallen war, ein paar Essensreste auf dem Misthaufen eines Bauernhofs, viel mehr war es nicht. Und dort gab es einen Schäferhund, dem er auch lieber aus dem Weg ging. Anders als in Spanien gab es hier keine Mülltüten mit Essensresten, die er plündern konnte. Er hatte auch nie gelernt, auf die Jagd zu gehen. Es war gar nicht nötig gewesen. Die Mäuse, Eichhörnchen und Kaninchen, die er sah, waren viel zu schnell für ihn. Sein Magen knurrte, wenn er an seinen Schlafplatz zurückkehrte, wo er sich einigermaßen sicher fühlte.

Als er auf den Spaziergänger gestoßen war, der ihn mit sanfter Stimme anzulocken versuchte, hatte er sich trotz seines großen Hungers nicht getraut, näher zu kommen. Obwohl er wusste, dass er von diesem Menschen vielleicht etwas zu fressen bekommen konnte. Nach allem, was er erlebt hatte, hatte er viel zu große Angst. Seitdem er aus der Transportbox herausgesprungen und weggelaufen war, hatte Sandro sich also mit einem Minimum an Futter begnügen müssen. Von Tag zu Tag nagte der Hunger stärker an ihm. Nach einem langen vergeblichen Streifzug kehrte er wieder einmal mit leerem Magen zu seinem Schlafplatz zurück.

In dieser Nacht aber kam er nicht zur Ruhe. Ein lautes Knacken in der Nähe weckte ihn auf. Er duckte sich auf den Boden, sein Herz klopfte. In der Ferne schrie ein Käuzchen, von überallher drangen die Geräusche der Nacht an Sandros feine Ohren. Er lauschte angestrengt. Da war es wieder, dieses laute Knacken ganz in der Nähe. Und ein bedrohliches Schnauben und Grunzen. Ein riesiger Schatten tauchte auf, ein Wildschweinkeiler, der auf das an den Wald angrenzende große Feld zusteuerte. So etwas hatte Sandro noch nie gesehen. Aber er wusste instinktiv, das konnte sehr gefährlich für ihn werden. Der Keiler bemerkte ihn nicht und zog vorbei. Sobald er ein Stück entfernt war, sprang der kleine Hund auf und rannte, so schnell er konnte, in die entgegengesetzte Richtung davon.

Er lief, bis der Morgen anbrach, als er in der Ferne die hellen Lichter des Flughafens erblickte. Solche Lichter hatte es in Spanien auch gegeben. Sie zogen ihn an, signalisierten Vertrautes, einen sicheren Unterschlupf, den er dringend benötigte. So gelangte er auf den Flughafenparkplatz. Er kroch unter ein Auto und irgendwie schaffte er es, auf die Vorderachse zu klettern und von dort aus in den Motorraum hineinzuschlüpfen. Hier war es zwar nicht besonders bequem und sehr eng, aber zumindest fühlte er sich einigermaßen geschützt. Er war so erschöpft, dass er sofort einschlief.

Auch in den nächsten Tagen gab es kein weiteres Lebenszeichen von dem Hund. Er musste fast verhungert sein. Wovon hätte er sich denn ernähren sollen? Es konnte ihm weiß Gott was passiert sein. Ich war sehr in Sorge. Aber ich hatte ja keinerlei Anhaltspunkte, wo der Welpe sich aufhielt. Da endlich erreichte mich ein Anruf in der Vermisstenstelle.

Es war ein Mitarbeiter des Flughafens. Nach der Arbeit hatte er sich ins Auto gesetzt und auf den Heimweg gemacht. Nach ein paar Kilometern hörte er ein seltsames Wimmern. Er konnte sich nicht erklären, wodurch dieses Geräusch verursacht wurde. Also hielt er am Straßenrand an und stellte fest, es kam aus dem Motorraum. Er öffnete die Kühlerhaube und traute seinen Augen kaum. Eng an den Motor gequetscht, sah er, den jämmerlich winselnden Hund. Sofort versuchte er ihn aus seiner misslichen Lage zu befreien. Der arme Kerl steckte nicht nur fest, er hatte sich auch leichte Verbrennungen durch den Motor zugezogen, der durch die Fahrt bereits heiß gelaufen war. Es kostete den Autofahrer einige Mühe, den gepeinigten Welpen möglichst behutsam aus dem Motorraum herauszubekommen. Er wollte ihm ja nicht wehtun. Endlich gelang es ihm, doch Sandro zappelte vor lauter Panik so stark, dass er dem Autofahrer entglitt. So wie das Ehepaar S. einige Tage zuvor konnte auch dieser Hundefreund nur noch zusehen, wie der Welpe mit wehenden Ohren davonschoss. Er suchte noch eine Weile nach ihm, aber ohne Erfolg.

Als er mich anrief, überlegte ich, was ich tun konnte. Ich rief Frau Pina an, die im Erdinger Moos in der Nähe des Flughafens wohnt, und bat sie um Hilfe. Es handelt sich um eine »Katzenmama«, die ich bereits seit vielen Jahren kenne. Sie kümmert sich um herrenlose und entlaufene Katzen, bringt sie zum Tierarzt, falls sie verletzt sind, und lässt sie, falls nötig, kastrieren. Wir haben uns schon oft gegenseitig geholfen. Und auch dieses Mal konnte ich wieder auf sie zählen.

Frau Pina fuhr noch am gleichen Tag zu dem Platz, wo Sandro dem Flughafenmitarbeiter entwischt war, und legte an einer geschützten Stelle eine Futterportion aus, die den Welpen hoffentlich anlocken würde. Und tatsächlich. Gleich bei ihrer ersten Kontrolle war das Futter restlos verschwunden. Wir konnten nur hoffen, dass es wirklich Sandro gefressen hatte und nicht irgendein anderes Tier. Jeden Tag legte Frau Pina erneut Futter für ihn aus und stets war es nach einer Weile verschwunden.

Nun war es an der Zeit, bei diesem Futterplatz eine Falle aufzustellen, deren Tür durch einen Auslösemechanismus zufallen würde, sobald der Hund – durch das Futter angelockt – in die Falle ging. Frau Pina kam zu mir ins Tierheim, um eine Hundefalle zu holen. Aber wir stellten fest, dass sie für einen Welpen viel zu groß war. Der Hund war noch so klein und leicht, dass die Tür wahrscheinlich nicht zuschnappen würde. Wir brauchten also eine andere Lösung. Da kam mir die Idee, eine große Katzenfalle zu verwenden. Sie würde Sandro zwar nicht viel Raum bieten, aber er sollte ja auch nicht lange in der Falle bleiben. Und die Wahrscheinlichkeit, dass es funktionierte, war viel größer. Frau Pina nahm also eine große Katzenfalle mit und stellte sie am Abend mit Futter versehen an der gewohnten Stelle auf. Ein Bekannter von ihr, der ganz in der Nähe wohnte, wurde nun auch noch mit eingespannt. Er sollte den Platz regelmäßig kontrollieren. Würde der Welpe wieder zur Futterstelle zurückkommen und – mit etwas Glück – in die Falle gehen?

Schon am nächsten Tag bekam ich einen erlösenden Anruf. Es war Frau Pina tatsächlich gelungen, Sandro einzufangen. Sie nahm den Welpen zu sich nach Hause, fütterte ihn, richtete ihm einen gemütlichen Schlafplatz ein und versorgte auch seine kleinen Verbrennungen. Dann ließ sie ihn erst mal ein paar Tage zur Ruhe kommen. Nach all seinen Abenteuern war er endlich in Sicherheit.

Sandro muss sich nicht mehr als Straßenhund durchschlagen und er wird auch nicht mehr hungern müssen. Er konnte an ein gutes Zuhause vermittelt werden. Ich nehme auch an, dass er nie mehr in einen Motorraum klettern wird.

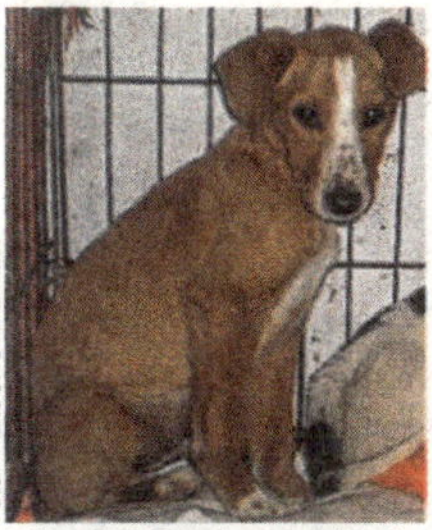

Wer hat Sandro gesehen? Der verängstigte Welpe ist in Notzing entflohen

Armer Welpe irrt in Notzing umher

Notzing – **Dieser süße Welpe irrt ängstlich durch Notzing.**

Sandro (vier Monate) ist am 26. Mai vom Flughafen ausgebüxt. Vermutlich aus Angst versteckte sich der Mischling in einem parkenden Auto. Der Fahrer entdeckte den winselnden Winzling drei Tage später im Motorraum, er hatte Verbrennungen vom Motor. Doch auch diesmal flüchtete Sandro, irrt nun wahrscheinlich in der Gegend umher.

Wenn sie den Mischling gesehen haben, melden Sie sich bei der Vermisstenstelle des Tierschutzvereines, ☎ 0157/73 08 90 68.

hör

Bericht über Sandro in Bild, *Juni 2012.*

Reißaus in letzter Minute

Im Schritttempo fuhr der Tiertransporter auf das Gelände des Münchner Schlachthofs und rangierte dann rückwärts an die Verladerampe heran. Er hatte an die 200 Ferkel geladen, die dicht zusammengepfercht bereits viele Stunden in den engen Verschlägen des Transporters zugebracht hatten. Sie waren während der Fahrt einem extremen Stress ausgesetzt gewesen, hatten sich aufgrund des Gedränges blaue Flecken zugezogen und zum Teil gegenseitig gebissen. Die Verladerampe wurde an den Lkw herangezogen. Dann öffnete sich das hintere Tor des Transporters und die Ferkel wurden über die Rampe direkt ins Schlachthaus getrieben. Die Tiere quiekten angstvoll und stolperten verschreckt aus dem Lkw hinaus. Einige sprangen auf ihre Artgenossen hinauf, weil sie von den nachrückenden Ferkeln so stark nach vorne geschoben wurden. In diesem ganzen Tumult gelang es einem Schweinchen, unbemerkt durch einen schmalen Spalt zwischen dem Lkw und dem Geländer der Rampe zu schlüpfen. Es sprang auf den Boden und rannte, so schnell es konnte, davon.

Der Lkw-Fahrer und die Mitarbeiter des Schlachthofs waren so mit dem Ausladen der anderen Ferkel beschäftigt, dass sie nicht mitbekamen, wie dieses Tier Reißaus nahm. Allerdings beobachteten zwei Freunde, die zufällig auf dem Gelände des Schlachthofs unterwegs waren, die Flucht des Ferkels und rannten ihm kurz entschlossen hinterher. Aber zu Fuß war es unmöglich, das Schweinchen einzuholen. Also schnappten sie sich ihr in der Nähe geparktes Auto und nahmen damit die Verfolgung auf. Das Tier rannte in Richtung Innenstadt. Bald hatten sie es aus den Augen verloren. Nach ein paar hundert Metern kreuzte es aber wieder ihren Weg.

Immer weiter und weiter hetzte das Schweinchen, vorbei an Häusern, Restaurants und Fußgängern, an Radfahrern, Müttern mit Kinderwägen und geparkten Autos. Es rannte über Fahrradwege und Grünflächen, aber auch über befahrene Straßen und Kreuzungen. Zum Glück war zu dem Zeitpunkt nicht viel Verkehr. Wie durch ein Wunder passierte nichts. Doch die Situation war sehr gefährlich. Die beiden Männer verständigten per Handy die Polizei.

Mittlerweile hatte das Schweinchen sein Tempo gedrosselt. Es war bereits völlig außer Atem, so weit war es schon gelaufen. Es blieb stehen und sah sich unsicher um. Die beiden Freunde reagierten sofort, parkten das Auto provisorisch und stiegen aus. Langsam gingen sie auf das Schwein zu und redeten beruhigend auf es ein. Doch sobald sie sich dem Ferkel bis auf ein paar Meter genähert hatten, ergriff es wieder die Flucht. Den beiden blieb nichts anderes übrig, als sich erneut mit dem Auto an die Fersen des Ausreißers zu heften.

Schließlich erreichte das Ferkelchen die Münchner

Sternstraße. Dort wurde es bereits von einem Streifenwagen der Polizei erwartet. Sie war von den Männern über seinen aktuellen Aufenthaltsort informiert worden. Die Polizisten hatten eine Stange mit einer Fangschlaufe daran mitgebracht, die normalerweise bei Hunden zum Einsatz kommt. Es gelang ihnen, dem Ferkel die Schlaufe um den Hals zu legen und es einzufangen. Endlich konnte es sich selbst und andere nicht mehr in Gefahr bringen.

Die beiden Männer freuten sich sehr, dass das Tier dem Tod buchstäblich von der Schippe gesprungen war. Sie gaben ihm einen Namen, Sternchen, nach der Straße, in der es schließlich eingefangen worden war. Auch die Polizeibeamten waren der Meinung, dass Sternchen nach seiner abenteuerlichen Flucht auf keinen Fall im Schlachthof enden sollte. Ein solcher Überlebenswille musste einfach belohnt werden. Also brachten sie das Ferkelchen ins Tierheim. Das Tierheim hatte nicht mehr offen, aber es gibt ein kleines Gebäude für Fundtiere, das für solche Zwecke auch nachts zur Verfügung steht. Da kann die Polizei, falls nötig, auch nachts Tiere unterbringen. Die Beamten hinterlassen dann einen Einlieferungsschein. Dort wurde Sternchen von der Polizei hingebracht.

Die Pfleger des Tierheims staunten nicht schlecht, als sie frühmorgens zu dem Gebäude kamen und dort – anstatt eines Hundes – das viermonatige Ferkel vorfanden. Sternchen sah schlimm aus. Es hatte zahlreiche Hämatome, die es sich wahrscheinlich beim Transport zugezogen hatte. Vielleicht war es auch sehr unsanft verladen worden. Auf die Tiere wird dabei oft keinerlei

Rücksicht genommen. Häufig werden sie regelrecht in die Transporter hineingeworfen. Zudem war Sternchen völlig verdreckt. Es bekam Futter und wurde gesäubert und unsere Tierärzte kümmerten sich um seine Verletzungen. Ich meldete mich bei der Polizei und so erfuhr ich, was ihm widerfahren war.

Sternchen wurde im Tierheim aufgenommen, wo es schon einen gleichaltrigen Artgenossen gab. Allmählich erholte es sich von seinen Strapazen. Niemand erhob Anspruch auf das Tier und so konnte es zum Glück bei uns bleiben. Der Vorstand des Tierheims entschied, dass die beiden Schweine auf den vom Tierheim betriebenen Gnadenhof kommen sollten. Er war 1989 mit Geld aus einem Nachlass gegründet worden und bietet Unterschlupf für ältere und nicht vermittelbare Tiere. Leider ist er meistens an der Grenze seiner Kapazität und zudem für den Betrieb auch auf Spenden angewiesen. Dort sind die beiden bis heute. Sie sind mittlerweile sechs Jahre alt, haben längst eine stattliche Größe erreicht und es geht ihnen prächtig.

Sternchen und sein Gefährte auf dem Gnadenhof

Sternchen ist seinem Schicksal im Schlachthof entkommen und wird bis ans Ende seiner Tage ein schönes Leben bei uns haben. Das freut mich heute noch.

Doppelleben

Frau M. saß mit einer Tasse Kaffee im Wohnzimmer und las die Zeitung. Sie hatte die Hausarbeit erledigt und genoss nun die verdiente Pause an diesem Vormittag. Bei einem Blick durch die große Terrassentür in den Garten hinaus sah sie plötzlich eine getigerte Katze, die schnurstracks auf die Tür zukam. Das Tier blieb davor stehen und als es Frau M. auf der Couch sitzen sah, miaute es und kratzte entschlossen mit einer Pfote an der Tür.

»Na so was«, dachte Frau M., »diese Katze habe ich hier noch nie gesehen.« Sie kannte die meisten Katzen aus der Nachbarschaft. Einige machten regelmäßig ihre Runde durch ihren Garten. Aber diese Tigerkatze war ihr noch nie aufgefallen. Sie kratzte immer noch fordernd an der Terrassentür und miaute herzzerreißend. Offensichtlich wollte sie unbedingt hereingelassen werden. Frau M. öffnete die Tür, um sie sich genauer anzusehen. Ohne zu zögern marschierte die Katze selbstsicher ins Wohnzimmer hinein. Sie sah sich kurz um und strich dann Frau M. schnurrend um die Beine. Frau M. beugte sich zu ihr hinunter und streichelte sie. »Na, du Hübsche, wo kommst du denn her? Hast du dich etwa verlaufen?« Die Tigerkatze sah sehr gepflegt aus. Sie war wohlgenährt und hatte ein seidiges, glänzendes Fell. Sie schien auch nicht verletzt zu sein. Genießerisch kostete sie die Streicheleinheiten aus und schnurrte immer lauter. »Vielleicht hast du ja Hunger«, überlegte Frau M., »ich will mal nachsehen, ob ich etwas für dich finde.«

In der Vorratskammer fand sie noch zwei Dosen Katzenfutter. Manchmal betreute sie in der Urlaubszeit die Katze der Nachbarn. Von der Reserve war noch etwas übrig. Sie stellte der Tigerkatze ein großes Schälchen auf den Boden, und die stürzte sich darauf und verschlang die Portion gierig.

»Du musst aber großen Hunger haben«, meinte Frau M. und öffnete die zweite Futterdose. »Eine kleine Portion bekommst du noch, aber dann ist erst mal Schluss. Wir wollen ja nicht, dass du dich überfrisst, nicht wahr?« Auch den Nachschlag putzte die Katze in Windeseile weg. »Seltsam. Du siehst gar nicht verhungert aus. Trotzdem hast du so einen großen Appetit. Tja, wer weiß, vielleicht schmeckt es dir eben besonders gut. Das ist bei uns Menschen ja auch nicht anders«, sagte Frau M. schmunzelnd.

Die Tigerkatze inspizierte die Wohnung nun genauer. Sie spazierte in den Flur und von dort aus genauso gelassen, wie sie ins Haus hereingekommen war, ins Schlafzimmer, sprang dort auf das Bett und ließ sich zufrieden auf den weichen Überwurf sinken. Sie rollte sich schnurrend zusammen und schloss die Augen.

»Du scheinst ja sehr genau zu wissen, was du willst«, murmelte Frau M. leise. »Offenbar ist es an der Zeit für deinen Mittagsschlaf. Na denn, wie es Ihnen beliebt, Majestät.« Während die Katze schlief, dachte Frau M. darüber nach, wo sie wohl hingehören mochte. Sie sah nicht wie eine Streunerin aus, so viel stand fest.

Nach einem ausgiebigen Nickerchen suchte die Katze wieder die Nähe von Frau M. Sie ließ sich lange streicheln, marschierte dann zur Terrassentür und wollte hinausgelassen werden. Frau M. folgte der Aufforderung. Diese Katze schien wirklich in jeder Hinsicht zu wissen, was sie wollte.

Dieser Ablauf wiederholte sich nun täglich. Jeden Vormittag stand die Tigerkatze vor Frau M.s Terrassentür und verlangte miauend Einlass. Abends verschwand sie wieder. Nach ein paar Tagen rief die Finderin bei mir an. Sie wusste ja nicht, ob das Tier vermisst wurde oder möglicherweise ausgesetzt worden war. Im Tierheim war allerdings keine Katze gemeldet worden, auf die ihre Beschreibung passte. Frau M. hängte auf meinen Rat hin zahlreiche Zettel in der Nachbarschaft aus. Doch niemand meldete sich.

Daraufhin riet ich der Katzenliebhaberin, ein dehnbares Halsband zu kaufen und ihre Telefonnummer daran anzubringen. Man sollte Katzen nie ein festes Halsband umlegen, damit sie nicht irgendwo hängen bleiben und sich verletzen oder gar strangulieren. Frau M. befolgte diesen Rat und prompt meldete sich am nächsten Tag die Besitzerin der Katze bei ihr. Sie wohnte gar nicht weit entfernt im gleichen Ort. Frau B. hatte sich bereits große Sorgen gemacht, weil Minka, so hieß das Tier, zwar jeden Abend nach Hause kam, aber seit Tagen nichts mehr gefressen hatte. Sie dachte, sie sei krank, und wollte schon mit ihr zum Tierarzt gehen. Die beiden Frauen waren sehr erleichtert, als sich herausstellte, dass Minka quasi ein Doppelleben führte. Sie einigten sich, alles so zu belassen, wie die schlaue Katze es sich ausgesucht hatte. Wenn sie ein zweites Zuhause haben wollte, dann sollte es eben so sein. Und Frau M. freute sich über die Gesellschaft ihrer neuen Teilzeit-Mitbewohnerin. Sie brachte eine Katzenklappe an ihrer Eingangstür an, damit Minka jederzeit hinein konnte, um sich ihr Fressen abzuholen. Frau B. freute sich jeden Abend, wenn die kleine Feinschmeckerin wieder zu ihr zurückkam. Und Minka? Sie dürfte hochzufrieden darüber gewesen sein, dass sie nun zwei Frauchen hatte.

Entflogen

Eines Morgens kam meine Kollegin, Frau Siri, ganz aufgeregt zu mir. Mr. Pim, ihr zahmer weißer Nymphensittich, war entflogen. Frau Siri hatte die Käfigtür aus Versehen nicht richtig verriegelt, sodass sie nur angelehnt war. Ohne dies zu bemerken, öffnete sie zum Lüften des Zimmers eine große Schiebetür und verließ kurz den Raum. Neugierig, wie er war, schlüpfte der hübsche Mr. Pim aus dem Käfig und nutzte die Gelegenheit für einen Rundflug. Leider flog er dabei ins Freie hinaus. Als Frau Siri zurückkam, musste sie feststellen, dass nur noch das Weibchen Lilly im Käfig saß. Sie war sehr deprimiert und machte sich wegen ihrer Unachtsamkeit große Vorwürfe. Sie hatte den mittlerweile dreijährigen Mr. Pim bekommen, als er noch ein Küken war, und ihn aufgezogen. Sie hing sehr an ihm. Er war äußerst zutraulich und liebte es, jedem auf die Schulter zu fliegen.

Ich versuchte, Frau Siri zu beruhigen: »Machen Sie sich nicht allzu viele Sorgen. Wenn Ihr Nymphensittich so zahm ist, hat er sehr gute Karten und taucht bestimmt wieder auf. Sicher fliegt er jemandem zu. Rufen Sie doch gleich in der Vogelklinik in Oberschleißheim an und fragen Sie dort nach, ob Mr. Pim vielleicht abgegeben wurde. Außerdem sollten Sie umgehend Aushänge in Ihrer Nachbarschaft machen, auf denen steht, dass Ihr Nymphensittich entflogen ist – am besten mit einem Foto von Mr. Pim, falls Sie eines haben. Stellen Sie zudem einen Ersatzkäfig mit Futter in der Nähe Ihres Wohnblocks auf und lassen die Tür offen. Manchmal kann man einen entflogenen Vogel auf diese Weise anlocken. Bestimmt werden Sie Ihren Mr. Pim bald wiederhaben.«

Frau Siri beruhigte sich etwas. Sie wurde auch gleich aktiv und befolgte meine Ratschläge. Am übernächsten Tag kam sie erneut zu mir. Leider gab es noch keine Neuigkeiten über Mr. Pim. Aber Lilly, ihr weiblicher Nymphensittich, litt stark unter der Abwesenheit des Partners. Sie saß traurig in ihrem Käfig, fraß nichts mehr, hatte ihr fröhliches Zwitschern vollkommen eingestellt und begann, sich vor lauter Kummer die Federn auszurupfen. Ich tröstete Frau Siri und sagte ihr, dass sie die Hoffnung nicht aufgeben sollte.

Am dritten Tag war es dann endlich so weit. Meine Kollegin kam freudestrahlend auf mich zu. »Stellen Sie sich vor, Frau Kosenbach, Mr. Pim ist wieder da! Eine Familie hat meine Aushänge gesehen und sich bei mir gemeldet. Mein Nymphensittich ist durch die geöffnete Balkontür direkt in ihr Wohnzimmer geflogen und dort auf dem Tisch gelandet. Er war ganz zahm und ließ sich brav in einen leeren Hamsterkäfig hineinsetzen, den die Familie zu Hause hatte. Mr. Pim wurde sehr liebevoll betreut, es hat ihm an nichts gefehlt. Mir ist ein Stein vom Herzen gefallen und ich bin überglücklich, dass ich ihn wiederhabe. Gott sei Dank ist ihm nichts passiert.«

»Das ist ja wunderbar. Ich freue mich sehr für Sie«, sagte ich. »Und wie hat Lilly reagiert?«

»Ach, es war einfach entzückend, die beiden zu beobachten«, antwortete Frau Siri. »Schon als ich mit Mr. Pim ins Zimmer kam, war Lilly völlig aus dem Häuschen. Sie stellte ihre Federhaube auf, trippelte aufgeregt auf der Stange hin und her und war offensichtlich außer sich vor Freude. Als ich Mr. Pim in den Käfig gesetzt habe, begrüßten die beiden sich überschwänglich und zwitscherten munter drauflos. Schon nach kurzer Zeit begann Lilly wieder Körner zu fressen und dann saßen die Vögel da und kraulten sich gegenseitig die Köpfchen. Es ist so schön, dass sie wieder zusammen sind.«

So war die Welt für alle Beteiligten wieder in Ordnung. Mr. Pim hat Glück gehabt, da seine Übergangspflegefamilie gut für ihn sorgte und überdies auf die Aushänge von Frau Siri aufmerksam wurde. Und auch für Lilly war die Rückkehr ihres Partners ein Segen. Viele Vögel trauern extrem um ihre Gefährten. In einem solchen Fall sollte man nicht allzu lange warten und nach Möglichkeit einen neuen Partner für den vereinsamten Vogel suchen, weil dieser sonst völlig verkümmern kann.

Leider melden viele Vogelhalter mir den Verlust eines Vogels nicht, weil sie meinen, es sei aussichtslos. Dabei werden sehr viele Vögel im Tierheim abgegeben, weil die meisten sehr zutraulich sind und jemandem zufliegen. In der Regel haben die Tiere auch Ringnummern. Dadurch kann man sie allerdings normalerweise nur den Züchtern zuordnen, dann reißt die Spur häufig ab.

Die Züchter verkaufen die Vögel meistens an Zoohandlungen. Da diese aber nicht notieren, an wen sie ein Tier verkaufen, können wir die Halter auf diese Weise nicht ermitteln. Es würde meine Arbeit sehr erleichtern, wenn diese Praxis geändert würde.

Ich möchte außerdem an alle Vogelhalter appellieren, denen ein Vogel abhandenkommt: Rufen Sie im Tierheim an und fragen Sie nach, ob Ihr Vogel gefunden wurde. Das Tierheim ist voller Fundvögel und auch in Vogelkliniken werden viele unserer gefiederten Freunde abgegeben, vor allem, wenn sie verletzt sind. Die Klinik in Oberschleißheim informiert mich regelmäßig darüber, welche Vögel eingeliefert worden sind. Falls sich in Ihrem Umfeld eine Vogelklinik befindet, sollten Sie sich auch direkt dort nach Ihrem Tier erkundigen.

Vögel sind intelligente Geschöpfe und haben es, wie alle anderen Tiere, verdient, dass wir uns alle Mühe geben, sie wieder nach Hause zu bringen.

Mit der S-Bahn unterwegs

Im Tiefgeschoss des Münchner Hauptbahnhofs auf dem Bahnsteig der S-Bahn herrschte reges Treiben. Es war früh an einem sommerlichen Dienstagmorgen. Die meisten Menschen waren auf dem Weg zur Arbeit. Manche hatten sich noch schnell einen »Coffee to Go« besorgt und stürzten sich dann mit Kaffeebecher in der einen und den Aktenkoffer in der anderen Hand wieder ins Gedränge. Andere hatten ihr Handy am Ohr, telefonierten im Gehen und sahen dabei weder nach rechts noch nach links. In dieser morgendlichen Rushhour hatten die meisten keinen Blick für das, was um sie herum geschah. Und so bemerkten nur wenige den hübschen grauen British-Shorthair-Kater, der dort vergnügt zwischen den Beinen Hunderter von Passanten herumlief, während im Minutentakt die S-Bahnen ein- und ausfuhren.

Auch Frau R. war auf dem Weg zur Arbeit. Sie fuhr auf der vollen Rolltreppe zum Bahnsteig hinunter und hatte noch ein paar Minuten Zeit, bis ihre S-Bahn ins Münchner Umland nach Unterhaching eintraf. Um den einsteigenden Fahrgästen nicht im Weg zu stehen, blieb sie ein paar Meter von der Bahnsteigkante entfernt stehen und sah sich um. Sie war sehr überrascht, als sie mitten unter all den Menschen den stattlichen grauen Kater entdeckte. Einige andere Fahrgäste waren mittlerweile ebenfalls auf ihn aufmerksam geworden und bestaunten ihn. Ein paar beugten sich zu ihm hinunter und streichelten ihn. Offenbar gehörte er zu niemandem, aber er schien die Aufmerksamkeit und die Streicheleinheiten zu genießen. In aller Gemütsruhe stand er mitten im Getümmel und ließ sich von der allgemeinen Hektik überhaupt nicht irritieren.

In diesem Moment wurde die S-Bahn nach Unterhaching angekündigt. »Was wird jetzt nur aus diesem Katerchen?«, dachte Frau R. »Hoffentlich findet sich jemand, der sich um ihn kümmert und nach seinen Besitzern sucht.« Sie hätte sich des Tiers gerne angenommen, aber sie musste dringend ins Büro, sie hatte einen wichtigen Termin. Und sie wollte den Kater auch nicht »verschleppen«. Bestimmt hatte er irgendwo in der Nähe ein Zuhause. Dann fuhr ihre S-Bahn ein. Die Türen öffneten sich und Frau R. stieg ein. Besorgt warf sie noch einmal einen Blick zurück auf den Bahnsteig. Aber was machte der Kater? Als wäre es das Selbstverständlichste von der Welt, spazierte er gelassen hinter ihr her und sprang mit einem geschmeidigen Satz ins Zugabteil. Er folgte ihr bis zu ihrem Sitzplatz, setzte sich aufrecht vor sie hin und sah sie unverwandt an.

»Ja, sag mal, was bist du denn für einer, hm?«, fragte Frau R. verdutzt. »Was machst du denn hier so ganz alleine, mitten in der Stadt?« Ihr gegenüber saßen zwei junge Frauen. Sie guckten erstaunt, sagten aber nichts.

»Gehört die Katze zu Ihnen?«, fragte ein Mann, der

gerade auf der Suche nach einem Sitzplatz durch den Gang kam.

»Nein, sie gehört offenbar zu niemandem hier, sie ist einfach mit in diese S-Bahn eingestiegen.«

»Na so was«, brummte der Mann und ging kopfschüttelnd weiter, ohne Frau R. oder den Kater noch eines Blickes zu würdigen. Offensichtlich war das Gespräch für ihn beendet.

Frau R. blickte sich um. Die meisten Fahrgäste hatten ihre Nase tief in eine Zeitung gesteckt oder starrten konzentriert auf das Display ihres Handys. Nur der hübsche graue Kater sah sie mit seinen leuchtenden bernsteinfarbenen Augen erwartungsvoll an.

»Was machen wir denn jetzt mit dir?«, seufzte Frau R. »Das ist die S-Bahn nach Unterhaching. Wahrscheinlich fahren wir gerade immer weiter weg von dem Ort, an dem du zu Hause bist.«

Die beiden jungen Frauen gegenüber beobachteten den Kater zwar nun neugierig, sagten aber immer noch nichts. Hilfesuchend sah Frau R. sie an. »Es ist mir ein Rätsel, wie dieser Kater im Tiefgeschoss des Hauptbahnhofs landen konnte. Wie ein Straßenkater sieht er jedenfalls nicht aus. Dafür ist er viel zu gepflegt. Was macht man denn in so einem Fall?«

Die Frauen zuckten mit den Achseln. »Keine Ahnung«, sagte eine der beiden schließlich. »Vielleicht im Tierheim anrufen.«

Frau R. merkte wohl, dass die anderen Fahrgäste sich hier nicht besonders engagieren wollten. Und traf eine Entscheidung. Sie beugte sich zu dem Kater hinunter, hob ihn vorsichtig auf ihren Schoß und sprach ihm leise

Kater Egon in der tz vom 21.6.2012

ins Ohr: »Keine Angst, Katerchen. Ich kümmere mich um dich. Wir finden bestimmt heraus, wo du zu Hause bist. Jetzt fahren wir erst mal in mein Büro und dann sehen wir weiter.«

Der Kater schmiegte sich an sie und schnurrte zufrieden. Sie kraulte sein weiches Fell. Während der zwanzigminütigen S-Bahn-Fahrt rührte er sich nicht von der Stelle. Er fühlte sich offensichtlich wohl. Es hatte sogar den Anschein, als habe er sich gezielt in die Obhut der tierlieben Frau R. begeben.

Als sie in Unterhaching angekommen waren, nahm seine auserwählte Katzenmama ihn auf den Arm und trug ihn in ihr Büro. Dort schloss sie die Tür hinter sich und ließ ihn herumlaufen. Neugierig inspizierte er den

Raum und machte es sich dann auf einem Stuhl gemütlich, von dem er das ganze Zimmer überblicken konnte. Frau R. stellte ihm ein Schälchen mit Wasser auf den Boden und rief mich im Tierheim an. Sie erzählte mir, wie ihr das Tier in die S-Bahn gefolgt und nicht mehr von ihrer Seite gewichen war. Ich sagte ihr, wie großartig ich es fand, dass sie sich des Katers angenommen hatte, und schickte zwei Kollegen hin, die ihn abholten und ins Tierheim brachten.

Natürlich dachte auch ich zunächst, dass der Kater entweder im Zentrum Münchens oder im näheren Umkreis der Innenstadt zu Hause war. Ich war bass erstaunt, als mir die Pfleger seine Tätowierung durchgaben. An den Initialen konnte ich sofort erkennen, welcher Tierarzt den Kater tätowiert hatte. Es war nicht zu fassen. Die Praxis dieses Tierarztes befand sich in Unterhaching. Umgehend meldete ich mich bei ihm und erfuhr, dass es sich um den dreijährigen Kater Egon handelte, der der Familie F. gehörte. Es wunderte mich nun kaum noch, dass auch diese Familie in Unterhaching wohnte.

Frau F. kam noch am gleichen Tag ins Tierheim und nahm hocherfreut ihren Egon wieder in Empfang, der einige Tage verschwunden gewesen war. Unerklärlich blieb, wie er aus der Landkreisgemeinde Unterhaching im Süden von München in die Münchner Innenstadt zum Hauptbahnhof gekommen war.

»Vielleicht hat er da ja auch die S-Bahn genommen«, meinte Frau F. »Ich kann mir kaum vorstellen, dass er diesen weiten Weg zu Fuß zurückgelegt hat.«

Das wären immerhin an die 15 Kilometer gewesen.

»Wissen Sie, Egon hat sich im Laufe der Zeit zu einem ziemlichen Herumtreiber entwickelt«, sagte sie. »In den ersten beiden Jahren war er zusammen mit seiner Schwester Emma nur im Haus. Doch dann haben wir ihn kastrieren lassen und auf einmal wollte er unbedingt ins Freie. Er hat so lange keine Ruhe gegeben, bis er hinaus durfte. Seitdem ist er ständig unterwegs. Halb Unterhaching kennt ihn bereits, weil er regelmäßig die Supermärkte, aber auch öffentliche Einrichtungen wie die Schule, den Kindergarten oder die Polizeidienststelle besucht. Manchmal liegt er stundenlang auf einem Stuhl vor einer Bäckerei und lässt sich die Sonne auf den Pelz scheinen. Er ist überall gerne gesehen und bekommt oft Häppchen zugesteckt. Aber er ist auch wirklich ein richtiger Charmeur und lässt sich gerne von allen streicheln, nicht wahr, Egon?« Sie kraulte ihn liebevoll. »Allerdings macht er auch vor keiner Katzenklappe bei Privathäusern halt und frisst den anderen Katzen völlig ungeniert ihr Futter weg. Die sind sicherlich nicht so erfreut darüber. Wir müssen mittlerweile darauf achten, dass er nicht zu viel zunimmt.«

»Na, du hast es ja faustdick hinter den Ohren«, sagte ich zu Egon. »Aber ganz abgesehen davon, wie er zum Hauptbahnhof gekommen ist, es ist wirklich unglaublich, dass Ihr Kater sich dort unter so vielen Menschen ausgerechnet die Frau ausgesucht hat, die mit der S-Bahn nach Unterhaching fahren wollte und die überdies bereit war, sich um ihn zu kümmern. Als hätte er es irgendwie gewusst.«

»Ja, das ist schon etwas mysteriös. Aber unser Dickerchen ist eben ein ganz besonderer Kater«, meinte Frau F. lachend.

Erfolgreiche Plakataktion

Der folgende Fall des Fundhunds Bonny zeigt, wie effektiv die Suche nach einem Besitzer sein kann, wenn aufmerksame Tierfreunde mithelfen.

Die kleine weiße Mischlingshündin Bonny war weder tätowiert noch gechipt. Sie wurde von Leuten ins Tierheim gebracht, die etwas außerhalb von Bad Tölz einen Spaziergang gemacht hatten. Die herrenlose Hündin war ihnen quasi direkt in die Arme gelaufen. Sie nahmen sie mit. Das Tier trug ein Brustgeschirr und war frisch geschoren. Allem Anschein nach handelte es sich also nicht um ein ausgesetztes Tier. Da die Finder in München wohnten, gaben sie Bonny bei uns ab.

Mir lag keine Vermisstenmeldung vor, die auf diesen Hund passte. Daher rief ich meine Kollegin von der Pressestelle an und bat sie, einen Aufruf auf unsere Internetseite zu stellen. Darin baten wir Tierfreunde im Bereich von Bad Tölz, vor Ort Plakate mit einem Foto von Bonny aufzuhängen, auf denen stand, dass sie gefunden worden war, sich im Tierheim München befand und ihre Besitzer sich bitte melden sollten.

Zahlreiche Freiwillige meldeten sich bei uns. Wir schickten ihnen das Plakat per E-Mail zu und sie druck-

Wer kennt diese Hündin?

Wir bitten unsere Tierfreunde und insbesondere unsere Face-Book-Freunde um Mithilfe!

Wer kennt diesen kleinen Westhighland-Mischling. Die Hündin ist etwa 2-3 Jahre jung, frisch geschoren und trägt ein hellblaues, gemustertes Brustgeschirr. Gefunden wurde die Hunde-Dame im Raum Bad Tölz - auf der Landstraße Glentleiten. Die Hündin wurde dort am 7.08.2012 gegen 16.30 Uhr von Tierfreunden aufgegriffen. Wir bitten Euch um Unterstützung!

Wer kennt diesen Hund bzw. wer vermisst die brave Hündin?
Informationen nimmt unsere Kollegin Eveline Kosenbach unter der Rufnummer 089 921 000 22 oder unter vermisstenstelle@tierschutzverein-muenchen.de gerne entgegen.
Das zuständige Tierheim im Raum Bad Tölz sowie die Polizeidienststelle in Bad Tölz wurde bereits informiert.

Wir suchen nun freiwillige Helfer, die uns Suchzettel über die Hündin in der Fundgegend aushängen könnten. Bitte melden Sie sich auch dafür bei Frau Kostenbach unter der Rufnummer 089 921 000 22!

Vielen Dank für Eure Hilfe!

ten sich Kopien davon aus und hängten sie weiträumig auf. Viele Helfer fanden es großartig, dass der Tierschutzverein München so viel für Fundtiere unternimmt, um sie wieder nach Hause zu bringen.

Ich selbst sah mir den Bereich, in dem Bonny von den Spaziergängern aufgegabelt worden war, zusätzlich im Internet an. Ganz in der Nähe befand sich ein Kino. Da ich nichts unversucht lassen wollte, rief ich dort an und bat die Betreiber ebenfalls um Mithilfe. Sie waren sofort bereit dazu und ich mailte auch ihnen unser Plakat zu.

Aufgrund der großen Entfernung zwischen dem Fundort von Bonny bei Bad Tölz und dem Abgabeort im Tierheim München war es wichtig, viele Aushänge im Bereich des Fundorts zu machen. Die Besitzer konnten ja nicht wissen, wo ihre Hündin gelandet war, und nicht jeder Haustierhalter ist sich dessen bewusst, wie groß der Einzugsbereich des Tierheims München ist.

Bereits nach wenigen Tagen meldete sich Herr K., der Besitzer von Bonny, bei mir. Er hatte schon verzweifelt nach ihr gesucht, wäre aber nie auf die Idee gekommen, im Münchner Tierheim anzurufen. Bei einem seiner Suchspaziergänge sah er schließlich eins der zahlreichen

Plakate und freute sich riesig, dass seiner Hündin nichts zugestoßen war.

Ein paar Stunden später traf Herr K. im Tierheim ein und erzählte mir, wie Bonny verloren gegangen war. Seine Freundin hatte einen Spaziergang mit ihr gemacht und sie nicht angeleint. Sie lief vor dem Hund her und schaute sich eine kurze Weile nicht nach ihm um. Plötzlich war er verschwunden. Natürlich hatte sie intensiv nach Bonny gesucht, aber ohne Erfolg. Relativ zeitnah muss die Hündin dann von den Spaziergängern aus München gefunden worden sein.

Häufig erkennen aufmerksame Leute die Tiere auf unseren Plakaten und können uns sagen, wer ihre Besitzer sind. Bei Bonny war das nicht der Fall, da Herr K. etwas abgelegen wohnte und nicht viele Leute in der Umgebung die Hündin und ihr Herrchen kannten. Die freiwilligen Helfer aus dem Tölzer Raum hatten zum Glück so viele Plakate aufgehängt, dass Herr K. selbst eins davon entdeckte und Bonny nicht allzu lange im Tierheim auf ihn warten musste.

In der Vermisstenstelle versuche ich stets, alle Hebel in Bewegung zu setzen, um Tiere und ihre Besitzer schnellstmöglich wieder zusammenzubringen. Aber ich bin auf die Hilfe vieler Tierfreunde angewiesen, die mich wie in diesem Fall tatkräftig unterstützen. Wie man immer wieder sieht, lohnt sich der Einsatz in den allermeisten Fällen.

Nachdem Herr K. mir erzählt hatte, wie Bonny abhandengekommen war, brachte ein Pfleger sie auch schon zu uns. Als die Hündin ihr Herrchen sah, fing sie vor lauter Freude in den höchsten Tönen zu quiet-

schen und zu schreien an. Sie konnte gar nicht mehr aufhören. Einige Kollegen, die in der Nähe waren, kamen herbeigelaufen, um nachzusehen, was los war. Sie hielten Bonnys Wiedersehensfreude für Schmerzensschreie. Eine solche Begrüßung war wirklich selten. Herr K. schloss seine Hündin überglücklich in die Arme und sagte zu mir: »Sie haben mir jetzt mein Leben gerettet. Bonny und ich sind ein unzertrennliches Team. Wenn ich sie nicht wiedergefunden hätte, wäre für mich eine Welt zusammengebrochen.«

Ich war natürlich ebenfalls sehr froh darüber, dass es auch in diesem Fall geklappt hatte und Hund und Herrchen wieder vereint waren.

Drei Wochen eingesperrt

Die Geschichte des damals achtjährigen getigerten Kurzhaarkaters Blacky werde ich nie vergessen. Blacky war ein Freigänger, aber bisher immer wieder nach Hause gekommen. Nun war er auf einmal verschwunden. Seine Besitzerin Frau N. wohnte in einem Mehrfamilienhaus in der Nähe des Englischen Gartens in München und hatte Blacky bei mir vermisst gemeldet. Ich gab ihr die üblichen Ratschläge, was man in einem solchen Fall tun konnte: zahlreiche Suchzettel in der Nachbarschaft aushängen, die Polizei, Tierärzte und Tierkliniken in der Nähe verständigen. Vor allem aber sagte ich ihr, sie solle selbst intensiv nach ihrem Kater suchen.

»Sehen Sie in umliegenden Garagen, Waschküchen, Schuppen, Kellerräumen und auf dem Dachboden Ihres Wohnhauses nach. Gehen Sie in die Räume hinein und suchen Sie alle Ecken und Nischen gründlich ab. Es genügt nicht, nur die Tür zu öffnen und nach der Katze zu rufen. Glauben Sie mir, Ihr Blacky wird Ihnen nicht antworten. In fremden Räumen haben Katzen oft Panik und verkriechen sich im hintersten Winkel. Manchmal rennen sie aus Angst vor einem Gewitter oder auf der

Flucht vor einem Hund oder einer anderen Katze irgendwo hinein und werden unbeabsichtigt eingesperrt. Selbst wenn die Tür zwischendurch geöffnet wird, kommen sie häufig nicht aus ihrem Schlupfwinkel heraus. Aber ich bin sicher, wenn Sie intensiv nach Blacky suchen, werden Sie ihn bald wiederfinden.«

Frau N. bedankte sich und begann sofort mit der Suche. In den nächsten Tagen rief sie mich regelmäßig an, aber Blacky tauchte nicht auf. Ich versuchte ihr Mut zu machen und sie zu motivieren, dass sie die Suche nicht aufgab. Sie war in der Tat unermüdlich und stellte buchstäblich die ganze Nachbarschaft auf den Kopf. Sie sprach mit den Nachbarn sowie mit Anwohnern angrenzender Wohnhäuser, mit Garagenbesitzern und Hausmeistern und bat alle, die Augen nach ihrem Kater aufzuhalten und in Kellern, Dachböden und Gartenschuppen nachzusehen. Nach zwei Wochen gab es immer noch keine Spur von Blacky.

Blacky saß auf dem kalten Betonboden und leckte sich seine schmerzenden Pfoten. Immer wieder hatte er an der Stahltür gekratzt. Nun waren die Vorderpfoten schon ganz wund gescheuert. Der Raum war ziemlich dunkel, nur durch die Schächte der Kellerfenster fiel von außen etwas Licht herein. Auf einem seiner üblichen Erkundungsstreifzüge in seinem Territorium hatte Blacky einen kleinen Abstecher nach hier unten gemacht. Die Tür zur Kellertreppe hatte ausnahmsweise offen gestanden und so hatte er die Gelegenheit genutzt, neugierig wie er war, und sich im Gang zwischen den Holzverschlägen der einzelnen Kellerabteile ein wenig umgesehen. Plötzlich hatte er polternde

Schritte auf der Treppe gehört und vor Schreck einen Satz in den nächsten Kellerraum gemacht, dessen Tür offen stand. Dort hatte er sich in eine Ecke geduckt.

Die polternden Schritte kamen immer näher, die schwere Stahltür quietschte in den Angeln und fiel mit einem lauten Knall zu. Die Schritte entfernten sich wieder. Blacky rührte sich nicht in seiner Ecke. Nach einer Weile, als alles ruhig blieb, begann er sich umzusehen. Vor allem inspizierte er die Tür. Er kratzte mit der Pfote daran und rutschte an dem Stahl ab. Die Kellerfenster lagen hoch und waren auch verschlossen. Er war eingesperrt. So hatte er sich das Ende seines Ausflugs nicht vorgestellt. Er wollte nach Hause zu seinem Futternapf. Wenn es ums Fressen ging, war mit ihm nicht zu spaßen. Verspätete sein Frauchen sich einmal mit dem Abendessen, machte er seinem Unmut mit lautem anklagendem Miauen Luft. Das führte auch immer zum Erfolg. Im Handumdrehen stand ein gefüllter Futternapf mit Leckerbissen für ihn bereit. So hatte er sich im Laufe der Jahre ein ziemliches Fettpolster angefressen. Seine Besitzerin hatte schon daran gedacht, ihn auf Diät zu setzen, es aber dann doch nicht übers Herz gebracht. Blacky wollte jedenfalls hier raus. Doch wie lange er auch an der Tür kratzte, sie öffnete sich nicht.

Nun war er erschöpft. Er hatte nicht nur Hunger, sondern auch Durst. Er sah sich in der Waschküche um, in der er gelandet war. Geräte standen da, Waschmaschinen und Trockner, ein Holzschemel mit einem Putzlappen darauf neben einem kleinen Handwaschbecken. Er sprang auf diesen Schemel. Da saß es sich immerhin gemütlicher als auf dem kalten Betonboden. Während er auf dem Schemel saß und sich die wunden Pfoten leckte, hörte er in regelmäßigen Abständen ein plopp, plopp. Am Wasserhahn bildeten sich Tropfen, die dann in dem Becken aufschlugen. Er sprang auf den Beckenrand. Es war sehr mühsam. Eine halbe Ewigkeit musste er mit den Vorderpfoten im Becken stehen und mit vorgestrecktem Kopf darauf warten, dass sich der nächste Tropfen am Wasserhahn bildete und er ihn mit der Zunge auffangen konnte. Aber seine Kehle war trocken, er musste trinken und etwas anderes hatte er nicht. Und das war nur der Anfang seines Martyriums.

Drei Wochen nach ihrem ersten Anruf meldete sich Frau N. mit unglaublichen Neuigkeiten bei mir. Sie hatte nicht aufgegeben, die ganze Zeit hatte sie immer wieder nach ihrem geliebten Kater gesucht. Und sie hatte ihn schließlich auch gefunden, im Waschkeller ihres Wohnhauses: halb verhungert und verdurstet, aber er lebte noch.

»Sie hatten ja so recht, Frau Kosenbach. Ich weiß nicht, warum ich nicht schon früher im Waschkeller nachgesehen habe. Überall habe ich nach Blacky gesucht, in jedem Winkel, in der gesamten Nachbarschaft. Aber der Waschkeller wird kaum noch genutzt, die Hausbewohner haben in der Regel ihre eigene Waschmaschine. Die Tür zu dem Waschkeller habe ich auch nie offen stehen sehen. Ich habe überhaupt nicht daran gedacht, dass er dort eingesperrt sein könnte. Mein armer Blacky muss eine schreckliche Zeit durchgemacht haben. Er hat sich seine Pfoten ganz blutig gescheuert. Offenbar hat er vor lauter Verzweiflung ständig an der Tür gekratzt. Er ist total abgemagert und war völlig ausgetrocknet. Er hat nur überlebt, weil in dem Raum ein tropfender Wasserhahn vorhanden war.«

»Das ist ja schrecklich«, sagte ich teilnahmsvoll. »Drei Wochen ohne etwas zu fressen und mit nur einem Minimum an Wasser, das ist eine sehr lange, harte Tortur. Aber was für ein Glück, dass Sie Blacky noch rechtzeitig gefunden haben.«

»Ja, ich bin sehr dankbar dafür. Ich bin gleich mit ihm in die Tierklinik gefahren. Dort ist er sofort an einen Tropf gekommen. Zum Glück war er vorher so gut genährt – er war ein richtiger kleiner Bomber –, sonst hätte er es wahrscheinlich nicht überstanden. Als ich mich dagegen entschieden habe, ihn auf Diät zu setzen, konnte ich ja nicht ahnen, dass ihm das einmal das Leben retten würde. Ich bin so froh, dass ich auf Sie gehört habe, Frau Kosenbach. Sie haben mich immer wieder darin bestärkt weiterzusuchen. Hätte ich das nicht getan, wäre Blacky tot.«

Ein paar Tage später hatte sich der Kater so weit von seiner unfreiwilligen Hungerkur erholt, dass er wieder nach Hause durfte. Natürlich bekam er dann gleich eine ordentliche Portion seines Lieblingsfutters. Auch Blacky hat eine enorme Zähigkeit und einen großen Überlebenswillen an den Tag gelegt. Es ist kaum zu glauben, dass er die drei Wochen lebend überstanden hat. Diese Geschichte zeigt wieder einmal, was für Kämpfer unsere Tiere sind und wie wichtig es auch für ihre Besitzer ist, nicht aufzugeben.

In fremden Händen

Das Telefon läutete. Am anderen Ende meldete sich eine ältere Dame. Ihr 16-jähriger Rauhaardackel Foxi war verschwunden. Sie hatte ihn zum Einkaufen mitgenommen und wie immer vor dem Supermarkt angebunden. Als sie kurze Zeit später aus dem Geschäft herauskam, war Foxi weg. Die Rentnerin bekam einen riesigen Schreck. Der Dackel war ihr Ein und Alles. Er begleitete sie überallhin und war ein treuer und braver Gefährte. Irgendjemand musste ihn vor dem Supermarkt gesehen und einfach mitgenommen haben. Frau T. war völlig verzweifelt und machte sich im Nachhinein große Vorwürfe. Aber sie hatte überhaupt nicht damit gerechnet, dass jemand auf die Idee kommen würde, ihren Hund mitzunehmen.

Ich sagte Frau T., was sie tun sollte. Zum einen sollte sie den gesamten Umkreis des Supermarkts absuchen und, falls sie ihren Hund nicht gleich fand, jeden Tag möglichst viel draußen in diesem Bereich unterwegs sein. Zumindest bestand so die Chance, Foxi vielleicht beim Gassigehen zu entdecken. Darüber hinaus war es wichtig, viele Aushänge zu machen. Ich fertigte Suchplakate für sie an, die sie in ihrem Wohnviertel und vor allem im Einzugsbereich des Supermarkts aufhängte. Wir hofften, dass irgendjemand den Rauhaardackel auf der Straße sehen und aufgrund der Suchplakate wiedererkennen würde.

Einige Tage vergingen, doch wir bekamen leider keine Meldung. Täglich rief Frau T. mich an und jedes Mal war sie noch trauriger und verzweifelter. Sie vermisste ihren kleinen Gefährten und machte sich größte Sorgen um ihn.

Dann endlich bekam ich einen Anruf von einem Mann, der an mehreren Tagen ein Wimmern und Bellen aus einer Nachbarwohnung gehört hatte. Als er mir seine Adresse gab, stellte ich gedanklich sofort eine Verbindung zum Dackel von Frau T. her. Der Anrufer wohnte nicht weit von der alten Dame entfernt. Es konnte gut sein, dass Foxi sich in der Nachbarwohnung befand. Ich bedankte mich sehr herzlich bei dem Mann und benachrichtigte sofort Frau T. Ich riet ihr, die Polizei zu verständigen und darauf zu drängen, dass jemand sie zu der Wohnung begleitete.

Frau T. reagierte sofort und suchte die nächste Polizeidienststelle auf. Und sie hatte Glück. Zwei Beamte gingen mit ihr zu der Wohnung, aus der das Bellen und Wimmern gekommen war. Nach anfänglichem Läuten tat sich zunächst nichts, aber als die Polizisten »Sturm klingelten« und laut gegen die Wohnungstür klopften, öffnete schließlich eine ältere, verwirrt wirkende Dame. Die Polizisten fragten sie, ob sie einen Hund in der Wohnung habe. Die Bewohnerin schüttelte vehement den Kopf. Da schoss plötzlich ein kleiner Dackel aus einem Zimmer heraus, dessen Tür sie glücklicherweise nicht geschlossen hatte. Tatsächlich war es Foxi. Er rannte auf Frau T. zu und sprang freudig bellend an ihr hoch. Ihr kamen die Tränen, so froh war sie, ihren geliebten Vierbeiner wiederzusehen.

Die Polizeibeamten fragten die Bewohnerin, warum sie den Hund gestohlen habe. Sie antwortete im Brustton der Überzeugung, sie hätte gar keinen Hund. Da erkannte Frau T., wie verwirrt die Frau war, und erstattete daher keine Anzeige gegen sie. Die Adresse der Hundediebin, die offensichtlich dringend Hilfe benötigte, gab die Polizei an die Behörden weiter.

Frau T. war überglücklich, dass sie ihren Hund wiederhatte. Er war unversehrt geblieben, auch wenn er wohl einige Tage lang nichts zu fressen bekommen hatte. Es war ein großes Glück, dass der Wohnungsnachbar der verwirrten Frau so aufmerksam gewesen war und mich gleich verständigt hatte. Wer weiß, wie es dem kleinen Dackel sonst noch ergangen wäre. Möglicherweise wäre er tatsächlich verhungert. Sein Frauchen berichtete mir am nächsten Tag vom guten Ausgang der Geschichte und bedankte sich sehr herzlich bei mir. In Zukunft werde sie Foxi zu Hause lassen, wenn sie zum Einkaufen gehe. Es tue ihr zwar sehr leid, aber nach dieser schlimmen Erfahrung werde sie ihren Rauhaardackel außerhalb der Wohnung nicht mehr aus den Augen lassen.

Es kommt immer wieder vor, dass Hunde, die auf ihre Besitzer warten, einfach mitgenommen werden. In diesem Fall war es eine verwirrte Frau, die wahrscheinlich nicht wusste, was sie tat. Aber manchmal sind auch Menschen unterwegs, die Tiere vorsätzlich stehlen, um sie dann zu verkaufen. Dieser Gefahr sollte man sich als Tierbesitzer bewusst sein und entsprechend wachsam sein.

Wie fängt man einen Graupapagei?

Eines Tages rief mich Frau W. aus dem Münchner Stadtteil Berg am Laim an. Sie war sehr aufgeregt: »Mein zehnjähriger Graupapagei Rico ist beim Saubermachen des Käfigs entflogen. Ich habe versehentlich ein Fenster offen gelassen und da ist Rico aus meiner Wohnung entwischt. Er ist es gewohnt, im Zimmer umherzufliegen. Deshalb lasse ich ihn immer hinaus, während ich den Käfig reinige. Ich habe in dem Moment überhaupt nicht mehr an das offene Fenster gedacht. Wie konnte ich nur so schusselig sein? Rico ist erst seit einem guten Monat bei mir. Ich habe ihn von seinem Vorbesitzer übernommen. Der musste ihn schweren Herzens abgeben, weil er sich beruflich verändert hat und Rico den ganzen Tag alleine gewesen wäre. Der Papagei war gerade dabei, sich bei mir einzugewöhnen, aber er vermisst seinen früheren Besitzer noch, das merke ich deutlich. Und jetzt passiert mir ausgerechnet so etwas. Ich mache mir solche Vorwürfe. Aber vor allem habe ich große Angst, dass ihm etwas zustoßen könnte und ich ihn nie wiederfinde.«

Zum Glück hatte ich bereits gute Neuigkeiten für die Vogelmama: »Regen Sie sich bitte nicht auf, Frau W.

Ich habe eine Meldung von einem Graupapagei bekommen, der nicht weit von Ihrer Wohnung entfernt auf einem hohen Baum sitzt und sich nicht einfangen lässt. Bestimmt handelt es sich um Ihren Rico. Sie sollten möglichst schnell dorthin gehen und nach ihm rufen. Immerhin kennt er Sie nun schon eine Weile und lässt sich hoffentlich von Ihnen anlocken.«

Frau W. war ganz aus dem Häuschen vor lauter Freude. Mit so einer positiven Nachricht hatte sie nicht gerechnet. Sie rannte sofort los. Bei dem Baum angekommen, auf dem der Graupapagei gesichtet worden war, fiel ihr ein Stein vom Herzen. Der Vogel war noch da und es war tatsächlich Rico. Aufgrund seiner hübschen leuchtend roten Schwanzfedern, die für Graupapageien so typisch sind, war er im dichten Grün der Zweige gut zu erkennen.

Sie streckte ihren Arm aus und begann, den Papagei mit sanfter lockender Stimme zu rufen: »Komm, Rico, komm … na komm her zu mir … braver Rico, du brauchst keine Angst zu haben, ich bin ja jetzt hier bei dir … na komm, braver Rico.« Der Papagei neigte zwar sein Köpfchen und schaute neugierig zu Frau W. hinunter, aber er rührte sich nicht von der Stelle. Alles Rufen und Locken nutzte nichts. Die Vogelmama rief mich erneut an und fragte mich, was sie noch tun könne. Ich riet ihr, die Feuerwehr zu rufen. Rico saß weit oben auf dem Baum und mit der ausfahrbaren Drehleiter konnten die Feuerwehrleute versuchen, ihn einzufangen. Wenn sich etwas Neues ergab, sollte Frau W. mich wieder anrufen. Eine ganze Weile hörte ich nichts mehr von ihr. Schließlich meldete sie sich wieder.

Dieses Mal klang ihre Stimme fast hysterisch, so verzweifelt war sie. Ich musste sie erst mal beruhigen. Sie musste sich erst wieder sammeln, bis sie mir erzählen konnte, was geschehen war: »Die Feuerwehr ist schnell vor Ort gewesen, aber sie konnten die Leiter nicht an den Baum heranfahren, weil sich davor eine Garage befindet. Man kann leider auch nicht von der anderen Seite an den Baum herankommen. Dann machten die Feuerwehrleute einen fatalen Fehler. Sie versuchten, Rico mit einem Wasserschlauch vom Baum herunterzuspritzen. Stellen Sie sich das einmal vor! Ich habe protestiert, aber sie meinten, es gäbe keine andere Möglichkeit. Als der Wasserstrahl auf ihn gerichtet wurde, hat Rico natürlich sofort Reißaus genommen und ist noch höher hinaufgeflogen. Mit dieser unsinnigen Aktion haben sie ihn völlig verschreckt. Nach diesem Manöver waren sie mit ihrem Latein am Ende und sind wieder abgezogen, ohne sich noch weiter um Rico oder mich zu kümmern.«

Ich war verärgert über diese Vorgehensweise der Feuerwehr. Ich konnte mir überhaupt nicht vorstellen, was sie sich dabei gedacht hatten. Es war absolut vorhersehbar, dass Rico vor dem Wasser flüchten würde. Aber nun war es schon geschehen und ich musste versuchen, einen kühlen Kopf zu bewahren. Ich wollte dem Vogel und seiner Halterin unbedingt helfen. In einer solchen Situation bringt es überhaupt nichts, sich aufzuregen. Ich sagte Frau W. noch einmal, sie solle Ruhe bewahren, ich würde mich um eine andere Lösung kümmern und mich wieder bei ihr melden, sobald ich etwas erreicht hätte.

Mir fiel ein Papageienexperte aus dem Münchner

Stadtteil Thalkirchen ein, der einen Graupapagei namens Laura hat. Laura ist trotz »ihres« Namens ein Männchen. Er ist ein ganz besonderes Tier. Gerne begleitet er seinen Vogelpapa auf dessen Schulter sitzend – zum Beispiel morgens beim Gang zum Bäcker. Meistens darf er nach dem Frühstück noch alleine eine Runde durch den Stadtteil drehen, denn diesen Papagei kann man nicht einsperren. Sobald er länger in einem Käfig sitzen muss, hört er nicht mehr auf zu krächzen und zu pfeifen. Also darf er frei herumfliegen. Seit vielen Jahren ist der zutrauliche Vogel in ganz Thalkirchen bekannt. Regelmäßig taucht er auf seinen Rundflügen vor den Fenstern anderer Anwohner auf und gibt lustige Sprüche von sich wie etwa »Hallo, ich bin Laura«.

Gelegentlich kommt Laura nicht von seinen Ausflügen zurück, sodass man ihn suchen muss. Jedes Mal, wenn das passiert, setzt sein Besitzer, der auch noch Vogelrieder heißt, alle Hebel in Bewegung, um ihn wiederzufinden. Er wendet sich unter anderem an die Presse, die in der Regel bereitwillig über Lauras erneutes Verschwinden berichtet und einen Suchaufruf veröffentlicht. Meistens hat jemand den Vogel in der Annahme aufgenommen, er sei herrenlos. Natürlich ist es nicht ungefährlich, Laura frei herumfliegen zu lassen, aber seit über zwei Jahrzehnten ist letztlich immer alles gut gegangen und Laura braucht nun mal seine Freiheit.

Im Laufe der letzten Jahre hatte ich immer wieder mit dem Papagei und seinem Halter zu tun, wenn Laura wieder einmal vermisst wurde. Auch ich versuche natürlich, meine Möglichkeiten voll auszuschöpfen, damit Laura möglichst schnell wieder gefunden wird. Und

Gott sei Dank konnte er bisher stets ausfindig gemacht werden. Also rief ich Herrn Vogelrieder an und fragte ihn, ob er dabei helfen könne, Rico wieder einzufangen. Er erklärte sich sofort bereit dazu, kam mit Laura zuerst zu mir ins Tierheim und fuhr dann weiter nach Berg am Laim. In der Zwischenzeit informierte ich Frau W. und sprach ihr erneut Mut zu.

Als Herr Vogelrieder mit Laura auf der Schulter bei ihr eintraf, suchte er sich einen Platz in der Nähe des Baums und begann, Rico mit leisen Rufen zu locken. Der Vogel sollte Laura sehen und dann hoffentlich zu ihm herunterfliegen. Rico beobachtete das Treiben auf dem Boden interessiert, aber er machte keinerlei Anstalten, seinen Platz im Wipfel des Baumes zu verlassen. Laura seinerseits schielte zwar zu ihm hinauf, aber ausgerechnet an diesem Tag hatte er offensichtlich weder Lust auf einen Rundflug noch darauf, seinem Artgenossen in luftiger Höhe einen Besuch abzustatten. Er rieb sein Köpfchen an Herrn Vogelrieders Wange und hatte es gemütlich.

Mittlerweile hatten sich einige neugierige Passanten sowie ein Fernsehteam eines Privatsenders am Fuß des Baums versammelt. Das Fernsehteam war zuvor bei mir im Tierheim gewesen, da es eine Reportage über die Vermisstenstelle drehte. Ich erzählte dem Team von dem entflogenen Papagei, der auf dem Baum saß und nun mit vereinten Kräften wieder eingefangen werden sollte. Das war eine interessante Geschichte, und so fuhr das Team umgehend nach Berg am Laim, um die Aktion zu filmen. Rico verharrte nach wie vor reglos auf seinem Ast. Herr Vogelrieder ging langsam um den

Baum herum, entfernte sich und kam dann wieder näher. Aber Rico zeigte allen die kalte Schulter.

Frau W. informierte mich per Telefon über den Stand der Dinge. »Ich weiß nicht, was wir jetzt noch machen sollen, Frau Kosenbach«, seufzte sie. »Rico reagiert weder auf gutes Zureden noch auf die Anwesenheit von Laura. Es scheint ganz so, als wolle er nie mehr von diesem Baum herunterkommen.«

»Ich habe noch eine Idee«, sagte ich. »Sie haben mir doch erzählt, dass der Papagei erst seit gut vier Wochen bei Ihnen ist und seinen vorigen Besitzer immer noch vermisst. Vielleicht hat er mehr Vertrauen zu ihm und würde sich von ihm einfangen lassen. Wenn der Mann zu Ihnen kommen und Rico anlocken könnte, hätten wir eine reelle Chance, ihn endlich von dem Baum herunterzubekommen.«

»Sie haben recht. Das sollten wir unbedingt versuchen«, sagte Frau W. »Der ehemalige Besitzer von Rico wohnt nicht weit entfernt. Ich rufe ihn an und frage ihn, ob er herkommen kann.«

Glücklicherweise erreichte sie Ricos früheren Halter, Herrn N., sofort und er hatte auch Zeit zu kommen. Ihm lag immer noch sehr viel an dem Graupapagei. Die Trennung von dem Vogel war ihm nicht leichtgefallen und er vermisste ihn sehr. Kurz darauf traf er bei Frau W. ein. Er kannte Rico am besten und hatte eine Tüte mit dessen Lieblingsleckerlis mitgebracht. Der Papagei fraß für sein Leben gern Walnüsse. Herr N. stellte sich so hin, dass Rico ihn gut sehen konnte, raschelte mit der Tüte und holte demonstrativ eine Walnuss heraus. Dann hielt er sie hoch in die Luft und rief nach Rico.

Und tatsächlich trippelte der Vogel nun aufgeregt auf dem Ast hin und her. Herr N. raschelte weiterhin mit der Tüte und rief unablässig Ricos Namen. Die Schaulustigen verfolgten das Geschehen aus einiger Entfernung und standen mit offenen Mündern da, als der Papagei plötzlich mit den Flügeln schlug und elegant vom Baumwipfel herunter- und auf die ausgestreckte Hand von Herrn N. zuflog. Mit einem geschickten Manöver schnappte er sich die Nuss im Flug und hielt sofort wieder auf seinen Baum zu. Dort ließ er sich nieder und verzehrte seine Beute genüsslich.

Laura und Herr Vogelrieder

Herr N. gab nicht so schnell auf. Er wartete, bis Rico die Nuss aufgefressen hatte, raschelte wieder mit der Tüte und hielt eine neue Walnuss in die Höhe. Und dieses Mal sollte die Falle zuschnappen. Es dauerte nicht lange, da startete Rico erneut von seinem Ast und hielt geradewegs auf die Hand seines ehemaligen Besitzers zu. Dieser war nun besser auf das Flugmanöver des Papageis vorbereitet. Als der Vogel nach der Walnuss schnappte, hielt Herr N. sie ganz fest zwischen seinen Fingern und Rico ließ sich auf seiner Hand nieder. Diesen kurzen Augenblick nutzte der Vogelliebhaber. Rasch hielt er seinen langjährigen Gefährten mit der anderen Hand fest und setzte ihn dann behutsam in seinen Käfig. Alle freuten sich über die gelungene Aktion, die Zuschauer applaudierten und das Fernsehteam hatte gute Bilder im Kasten.

Wenn es um vermisste Tiere geht, gibt es unendlich viele unterschiedliche Situationen. Häufig muss man sich nur etwas einfallen lassen, um die Tiere wiederzubekommen. Kommt es zu einem Happy End, ist die Arbeit des Tierheims noch nicht automatisch vorbei. Ich kümmere mich auch danach noch um das Wohl der Tiere. Im Fall von Rico riet ich seiner neuen Besitzerin, sich einen zweiten Graupapagei anzuschaffen, da diese Vögel häufig unter dem Verlust ihrer Bezugsperson leiden. Rico hatte zu Herrn N. eine sehr enge Beziehung aufgebaut und trauerte ihm offensichtlich nach. Die Gesellschaft eines Artgenossen, der zu ihm passte, könnte ihm helfen, sich in der neuen Situation einzugewöhnen.

Auch ich hatte mich nach der geglückten Aktion mit Rico sehr herzlich bei Herrn N. und Herrn Vogelrieder für ihren Einsatz bedankt. Wenn ich sehe, wie engagiert viele Menschen sich für Tiere einsetzen, ist das auch für meine eigene Arbeit jedes Mal ein großer Motivationsschub.

Die Tötungsstation

Der 13-jährige Rauhaardackel Seppl saß auf dem kalten Betonboden des Zwingers. Er war zusammen mit mehreren anderen Hunden in einem Gitterverschlag eingesperrt. Es gab keine Decke, auf die er sich hätte legen können, und kein Wasser, von Futter ganz zu schweigen. Ein paar Gitterstäbe waren verbogen und ragten gefährlich in den Verschlag hinein. Einige seiner Artgenossen hatten sich daran bereits verletzt. Es roch nach Exkrementen und nackter Angst. Keiner der Hunde hier drinnen bellte. Sie waren alle in einer Art panischer Schockstarre. Sie spürten instinktiv, an welch unheilvollem Ort sie sich befanden. Sie waren in einer der zahlreichen ungarischen Tötungsstationen für streunende Tiere gelandet.

Die ungarischen Gemeinden sind dazu verpflichtet, streunende Tiere einzusammeln und sie in solche Auffangstationen zu bringen, um einer Verbreitung von Seuchen entgegenzuwirken. Hier warten die meisten Tiere auf ihren Tod, die wenigsten werden von einem Besitzer gesucht und abgeholt.

Auch der betagte Rauhaardackel Seppl war von einem Häscher aufgegriffen und in eine Tötungsstation in der Nähe der österreichischen Grenze gebracht worden. Eine Mitarbeiterin der Station sah sich den kleinen Kerl genauer an und entdeckte eine Tätowierung in seinem Ohr. Aus Erfahrung wusste sie, dass es eine Tätowierung aus Deutschland war. Die Mitarbeiterin hatte Kontakt zu einer privaten deutschen Tierhilfeorganisation, die versucht, möglichst viele Tiere aus der Auffangstation an gute Plätze in Deutschland zu vermitteln. Die »Hundepflegerin« gab immer wieder Informationen an die Organisation weiter, weil sie Geld dafür bekam, wenn ein Tier abgeholt wurde. Letztlich ließ sie sich für ihre Auskünfte bezahlen und machte mit dem Leid der Tiere auch noch Profit. Sie teilte den in Ungarn ansässigen deutschen Tierhelfern mit, dass der Rauhaardackel bereits am nächsten Tag zusammen mit einer Reihe von anderen Hunden getötet werden sollte. Da er schon ziemlich alt war, stand der arme Dackel ganz oben auf der Liste.

Die Leute von der Tierhilfeorganisation riefen sofort bei mir an, da sie die Vermisstenstelle im Münchner Tierheim kannten. Sie selbst konnten die Tätowierung des Dackels nicht zuordnen und hofften, ich würde ihnen weiterhelfen. Ich versprach, mich sofort ans Telefon zu hängen, um den Züchter des Dackels ausfindig zu machen. Wenn ich ihn gefunden hatte, würde ich hoffentlich an die Adresse der Besitzer kommen.

Ich stand unter großem Druck. Der Hund saß in der Tötungsstation und die Zeit drängte. Wenn ich den richtigen Züchter nicht rasch ermittelte, konnte es für den kleinen Kerl in Ungarn vielleicht schon zu spät sein. Allerdings, das hatten mir die Tierfreunde aus Ungarn am Telefon gesagt, war die Tätowierung bereits etwas verblasst, sodass die Buchstaben und Zahlen, die ich von ihnen erhalten hatte, nicht eindeutig waren. Ich musste trotzdem mein Glück versuchen und begann, einen Rauhaardackelzüchter nach dem anderen in Gesamtdeutschland anzurufen.

Zunächst gab es nur Fehlanzeigen. Meine Gesprächspartner waren alle sehr hilfsbereit und gaben mir die Telefonnummern anderer Züchter, die noch infrage kamen. Ich kam mir nach einer Weile schon vor wie eine Figur Karl Valentins – der Buchbinder Wanninger. Er wird von einer Stelle zur nächsten verwiesen, bekommt aber nirgendwo die Information, die er dringend braucht. Da ich wusste, wie ernst die Lage war, gab ich nicht auf und telefonierte pausenlos weiter.

Endlich hatte ich Erfolg. Ich stieß auf den Züchter, der den Rauhaardackel vor 13 Jahren verkauft hatte. Die Unterlagen mit der Adresse der Besitzer hatte er allerdings in dem Moment nicht vorliegen. Ich erklärte ihm, warum ich diese Information so dringend benötigte, und er versicherte mir, er würde sofort in seinem Archiv nach der Telefonnummer der Besitzer suchen. Ich kümmerte mich unterdessen um die Fälle einiger anderer Fundtiere, rief den Züchter zwischendurch aber mehrmals an. Ich sagte zu ihm: »Ich weiß, dass ich Sie nerve, aber ich brauche die Kontaktdaten von Seppls Besitzern wirklich dringend. Die Zeit läuft uns sonst davon.«

Der freundliche Züchter antwortete: »Ich habe vollstes Verständnis dafür, Frau Kosenbach. Ich bin dran. Ich habe alles stehen und liegen gelassen und durchforste gerade intensiv meine Aktenordner. Sobald ich etwas finde, melde ich mich bei Ihnen, versprochen.«

Ich saß im Tierheim wie auf glühenden Kohlen. Ich versuchte mich zwar mit anderen Fällen abzulenken, aber mir ging Seppl nicht aus dem Kopf. Schließlich rief der Züchter mich an. Er hatte die Telefonnummer der Tochter der Besitzer gefunden. Das war alles, was er in seinen Unterlagen vermerkt hatte. Ich bedankte mich bei ihm und setzte mich mit der Tochter in Verbindung. Ich erzählte ihr, dass Seppl in Ungarn aufgegriffen und in eine Tötungsstation gebracht worden war und dass nicht mehr viel Zeit blieb, um ihn zu retten. Sie war völlig schockiert, als sie das erfuhr. Seppl war der absolute Liebling der Familie. Ihre Eltern, so erklärte sie mir, waren gerade mit dem Wohnmobil in Ungarn unterwegs. Zum Glück gelang es ihr, sie gleich über das Handy zu erreichen.

Die beiden waren schon ganz verzweifelt. Seppl hatte beim Gassigehen einen Hasen gesehen und war plötzlich davongeschossen. Sie hatten ihn die ganze Zeit gesucht und waren mit den Nerven ziemlich am Ende. Als sie nun von ihrer Tochter erfuhren, wo ihr geliebter Dackel sich befand, waren sie völlig entsetzt. Sie machten sich große Vorwürfe, dass sie nicht besser auf Seppl aufgepasst hatten. Aber nun war keine Zeit, darüber nachzudenken. Nun ging es darum, den Kleinen rechtzeitig aus der Tötungsstation zu retten. Sie packten in aller Eile ihre Campingsachen zusammen und fuhren so schnell wie möglich mit dem Wohnmobil dorthin.

Sie fanden eine beklemmende Szenerie vor. Die gesamte Station machte einen extrem heruntergekommenen

Eindruck. In einer langen Reihe vergitterter Verschläge waren zahlreiche Hunde untergebracht, die zum Teil in ihrem eigenen Kot lagen. Es stank erbärmlich. Manche Tiere drückten sich ängstlich gegen die Rückwand ihres Verschlags und zitterten nur noch. Kein Hund bellte, als sie an den Zwingern vorbeigingen. Es herrschte eine bedrückende Stille, in der man das ganze Elend dieser armen Geschöpfe wahrnehmen konnte.

Unter Tränen arbeitete sich das Ehepaar weiter vorwärts und sah dabei in viele traurige Hundeaugen. Es tat ihnen unendlich leid, dass sie nichts für die Tiere tun konnten. Endlich kamen sie bei dem Verschlag an, in dem ihr Seppl eingesperrt war. Als er sie erblickte, begann er wie wild zu bellen und zu winseln. Er überschlug sich fast vor Freude. Heilfroh, ihn wiederzuhaben, schlossen sie ihn in die Arme. Der Tötungsstation mussten sie circa 50 Euro für ihren Hund bezahlen. Dann konnten sie diesen Ort des Schreckens wieder verlassen.

Sie waren natürlich sehr glücklich darüber, dass sie ihren Dackel gerade noch rechtzeitig gefunden hatten. Aber gleichzeitig gingen ihnen die furchtbaren Bilder, das Leid der anderen Hunde nicht mehr aus dem Kopf. Seppls Zwingergefährten hatten niemanden, der sie retten würde. Sie waren dem Tod geweiht und würden den nächsten Tag nicht überleben. Auch viele der anderen armen Geschöpfe in der Station würden früher oder später getötet werden. Es brach den N.s fast das Herz, dass sie den anderen nicht hatten helfen können. Nach einer Fortsetzung ihres Urlaubs in Ungarn war ihnen jetzt jedenfalls nicht mehr zumute. Daher fuhren sie auf direktem Weg nach Hause und erholten sich erst einmal von der ganzen Aufregung.

Dann riefen sie mich an, um mir für meine Bemühungen zu danken und mir zu erzählen, wie die Geschichte ausgegangen war. Und sie sagten Folgendes: »Wir können nicht vergessen, was wir in der Tötungsstation gesehen haben. Und wir können nicht so tun, als ginge uns das Leid der armen Tiere dort nichts an. Wir sind so froh darüber, unseren Seppl wiederzuhaben. Aber für viele seiner Artgenossen dort gibt es so gut wie keine Hoffnung mehr. Die privaten Tierhilfeorganisationen vor Ort tun, was sie können, und vermitteln so viele Hunde wie möglich. Dank ihres Einsatzes und natürlich auch Dank Ihrer schnellen Hilfe ist unser Dackel noch am Leben. Dennoch gibt es so viele Tiere, denen nicht geholfen werden konnte. Wir haben uns dazu entschlossen, uns in Zukunft für diese Tiere zu engagieren.«

Das fand ich großartig und konnte ihnen nur alles Gute wünschen. Es bedrückt mich jedes Mal sehr, wenn ich von solchen Schicksalen der Tiere erfahre und ihnen nicht helfen kann. In Ungarn spielt der öffentliche Tierschutz keine große Rolle. Streunende Hunde und Katzen werden nicht kastriert, um eine unkontrollierte Vermehrung zu vermeiden. In manchen Gemeinden gibt es mittlerweile Tierheime, in denen einige Streuner unterkommen, aber die meisten landen in Tötungsstationen. Dort vegetieren sie in primitiven, kleinen Verschlägen unter miserablen hygienischen Bedingungen vor sich hin. Wenn sie nicht das Glück haben, von einer der privaten Tierhilfeorganisationen aus der Station gerettet und an Privatpersonen – häufig im Ausland – vermittelt zu werden, dann werden sie nach einer gewissen Zeit getötet – häufig nach nicht mehr als zwei Wochen –, um Platz für neue aufgegriffene Tiere zu machen.

Was Tierschutz angeht, ist die Situation nicht nur in Ungarn, sondern auch in anderen EU-Staaten desolat. Daran wird sich in absehbarer Zukunft nichts ändern. Die privaten Tierhilfeorganisationen tun ihr Möglichstes, um den Tieren zu helfen. In der Regel müssen sie Hunde aus den Tötungsstationen für einen Betrag zwischen 40 und 60 Euro auslösen. Sicherlich werden sie für ihre Tierliebe häufig auch noch belächelt. Doch solange die Staaten keinen aktiveren Tierschutz betreiben, ist das Engagement der Tierhilfeorganisationen und natürlich die Bereitschaft zahlreicher Tierfreunde, die ein Tier bei sich aufnehmen und ihm ein Zuhause geben, die einzige Möglichkeit, ihnen zu helfen.

Eine kleine Streunerin

Die etwa achtjährige Katze war in einem kleinen Ort in der Nähe von Erding gefunden und zu uns ins Tierheim gebracht worden. Sie hatte ein vereitertes, geschwollenes Auge und litt offensichtlich darunter. Deshalb hatte die Finderin sie mitgenommen und bei uns abgegeben. Abgesehen von dem verletzten Auge wirkte die Katze sehr gepflegt und gut genährt. Sie hatte eine Tätowierung im Ohr, aber wie so oft war sie schlecht lesbar. Nach langem Herumtüfteln konnte ich die Buchstaben und Zahlen schließlich entziffern und auf diese Weise den Tierarzt ermitteln, der die Katze tätowiert hatte. Leider konnte er mir nicht sagen, wer die Besitzer waren. Zu ihm, so erzählte er mir, kamen häufig Katzenmamas, die streunende Katzen tätowieren und kastrieren ließen und sie dann privat weitervermittelten. Auch diese Katze war ein solcher Fall gewesen. Der Tierarzt hatte sich lediglich ihren Namen notiert, Ginger, wusste aber nicht, wer das Tier damals zu ihm gebracht hatte. Eine Vermisstenmeldung, die zu Ginger gepasst hätte, lag ebenfalls nicht vor. Doch wie jedes Tier wollte ich auch diese Katze unbedingt wieder nach Hause bringen.

Am nächsten Tag war ich zu einem Interview in der

Sendung ›Wir in Bayern‹ des Bayerischen Fernsehens eingeladen. Das war für mich eine willkommene Gelegenheit, ein paar ungelöste Fälle vorzustellen – unter anderem auch den der Katze Ginger. Ein Foto von ihr wurde während der Sendung eingeblendet, und die Zuschauer wurden gebeten, sich zu melden, falls sie wussten, wem die Katze gehörte. Doch leider meldete sich niemand auf diesen Aufruf.

Ich überlegte, was ich noch tun konnte. Einem inneren Impuls folgend, suchte ich mir im Internet die Straße heraus, in der Ginger gefunden worden war. Neben einer Reihe von Wohnhäusern befand sich dort auch eine Tanzschule. Ohne lange darüber nachzudenken, rief ich einfach dort an. Schließlich war der Fundort der einzige Anhaltspunkt, den ich für meine Suche nach den Besitzern von Ginger hatte. Und da die Straße in einem kleinen Ort lag, war es zumindest möglich, dass jemand die Katze kannte.

Nach mehreren Versuchen zu unterschiedlichen Zeiten erreichte ich endlich einen Angestellten der Tanzschule. Ich fragte ihn, ob er zufällig eine Katze namens Ginger kannte. Der Mann war etwas verblüfft über meine Frage, aber ich erfuhr von ihm, dass seine Chefin, die Leiterin der Tanzschule, drei Katzen und drei Hunde hatte. Auf eine der Katzen passte die Beschreibung, die ich ihm gegeben hatte, genau. Allerdings war die Chefin gerade im Urlaub. Ihre Schwiegereltern passten auf die Tiere auf.

Der Angestellte war sehr hilfsbereit. Er wollte sie sofort anrufen und sich erkundigen, ob sie die Katze vermissten. Schon nach fünf Minuten rief er mich zurück.

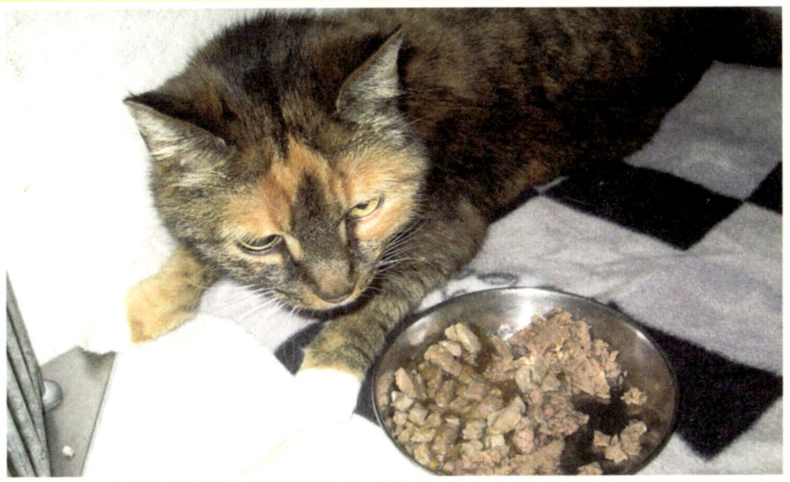

Ginger

Eine Katze namens Ginger war tatsächlich seit ein paar Tagen verschwunden. Allerdings hatten die Schwiegereltern sie nicht als vermisst gemeldet, weil sie häufig mehrere Tage nicht nach Hause kam. Sie war eine kleine freiheitsliebende Streunerin, daher hatte sich noch niemand Sorgen um sie gemacht. Die Besitzerin von Ginger wollte sie in ein paar Tagen, wenn sie wieder aus dem Urlaub zurück war, gerne selbst abholen.

Ich konnte kaum glauben, dass ich Gingers Zuhause auf Anhieb gefunden hatte. Mein Anruf in der Tanzschule war ein richtiger Glückstreffer gewesen. Hier hatte anscheinend wieder einmal mein siebter Sinn gewirkt. Ich freute mich sehr darüber und es bestätigte mich darin, nichts unversucht zu lassen, wenn ich ein Tier wieder zu seinen Besitzern zurückbringen möchte.

Als Ginger abgeholt wurde, war ihr Auge, das sofort von unseren Tierärzten behandelt worden war, bereits etwas verheilt. Und so hatte auch diese Geschichte ein gutes Ende.

Da Ginger in der Nähe ihres Zuhauses aufgegriffen wurde, ist es sehr wahrscheinlich, dass sie gerade auf dem Weg nach Hause war. Da sie ein verletztes Auge hatte, war für die Tierfreundin, die sie fand, nicht klar, ob sich jemand um das Tier kümmerte. Wenn Tiere verwahrlost aussehen oder verletzt sind, ist es in den allermeisten Fällen richtig, sich um sie zu kümmern. Man sollte nicht wegschauen und streunende Tiere einfach ignorieren. Je mehr tierliebe Menschen mit offenen Augen durch die Welt gehen und sich kranker oder verwahrloster Tiere annehmen, desto weniger müssen die Tiere leiden und desto größer sind ihre Chancen, wieder zu ihren Besitzern zu kommen – oder ein gutes neues Zuhause zu finden.

Im Fußballstadion

Frau L. stand hinter dem Tresen ihres Raumausstattungsgeschäftes im Münchner Stadtteil Maxvorstadt. Sie befand sich in einem Beratungsgespräch mit einer Kundin, die ihre Wohnzimmersessel neu aufpolstern lassen wollte. Zwischendurch ließ sie ihren Blick kurz durch den Laden schweifen und sah ihren eineinhalbjährigen Terrier-Spitz-Mischling Jagua. Er lag friedlich auf einem flauschigen Teppich und schlief.

Jagua begleitete Frau L. und ihren Mann jeden Tag ins Geschäft, seitdem er als Welpe zu ihnen gekommen war. Er gehörte schon fast zum »Inventar« und fühlte sich im Laden zu Hause. Er hatte ein wunderbares Leben. Nie musste er alleine daheim bleiben, er konnte in jeder Mittagspause einen ausgedehnten Spaziergang mit Herrn oder Frau L. machen, bekam regelmäßig ein paar Streicheleinheiten und hin und wieder auch ein paar Leckerlis. Und die Kunden freuten sich immer, den aufgeweckten Mischling zu sehen.

Lächelnd wandte Frau L. sich wieder ihrer Kundin zu, die gerne ein paar Stoffmuster für ihre Möbel sehen wollte. Nach einer Weile hatte sie sich für einen Stoff entschieden, und nachdem die restlichen Details für den Auftrag abgeklärt waren, verabschiedete sie sich. Frau L. wünschte der Kundin noch einen schönen Tag und räumte die Ordner mit den Stoffmustern wieder ins Regal.

Plötzlich lag Jagua nicht mehr auf seinem Platz. »Na, wo steckst du denn, Jagua?«, fragte Frau L. lockend und sah sich etwas gründlicher um. Sie rief mehrmals nach dem Hund, doch er ließ sich nicht blicken. Frau L. wurde es mulmig zumute. Nun suchte sie den ganzen Laden ab. Jagua war verschwunden. Er musste in einem unbeobachteten Moment hinausgelaufen sein. Das hatte er noch nie gemacht und Frau L. vermutete, dass er eine läufige Hündin gewittert hatte. Sie sagte ihrem Mann Bescheid, damit sie den Laden verlassen und die Umgebung absuchen konnte. Doch sie hatte keinen Erfolg.

Dann rief sie bei der Vermisstenstelle an. Ich empfahl ihr die üblichen Maßnahmen – sie sollte Suchplakate aushängen sowie die Polizei, Tierärzte und Tierkliniken in der Nähe informieren, damit diese sie kontaktieren konnten, falls Jagua bei ihnen gemeldet wurde. Frau L. wirkte am Telefon sehr resolut und wollte gleich aktiv werden. Ich schlug ihr vor, sie solle auch die regionalen Zeitungen wie die TZ und AZ bitten, über Jaguas Verschwinden zu berichten. Sie solle sich möglichst nicht abwimmeln lassen, sondern hartnäckig bleiben. Denn über die Zeitungen konnte man sehr viele Leute erreichen. Tatsächlich gelang es ihr, die Redaktionen von ihrem Anliegen zu überzeugen. Es kamen große Berichte über Jagua. Darin wurde auch darauf hingewiesen, dass man den kleinen Hund nicht jagen sollte. Wer ihn sah, solle nach Möglichkeit etwas Futter für ihn auslegen und sofort die Vermisstenstelle oder Frau L. selbst anrufen.

Die Resonanz auf die Zeitungsartikel war sehr gut und wir erhielten zahlreiche Anrufe aufmerksamer Leser. Allerdings gab es viele unterschiedliche Informationen dazu, wo der kleine Terrier-Spitz-Mischling gesichtet worden war, zunächst in nördlichen Stadtbezirken – in Schwabing sowie im Olympiapark – und später im circa 15 Kilometer entfernten Neubiberg und dem benachbarten Ottobrunn, südöstlich von München.

Jedes Mal, wenn wir eine neue Meldung bekamen, fuhr Frau L. sofort an den Ort, an dem Jagua gesehen worden war. Sie hatte sich zwei Schilder gebastelt, die sie vorne und hinten am Körper trug. Darauf stand: »Ich suche meinen Hund.« Wir telefonierten regelmäßig und sie erzählte mir, dass sie mit ihren Plakaten schon überall als die »Sandwich-Frau« bekannt war, vorne eine Plakat, hinten ein Plakat, und in der Mitte sie. Die Zeitungen machten Fotos von ihr. Und sie wartete darauf, endlich irgendjemandem zu begegnen, der ihr sagen konnte, wo der Hund sich befand. Bei jedem neuen telefonischen Hinweis hoffte und bangte sie erneut. Doch wie schnell Frau L. auch an den Orten auftauchte, wo der Hund angeblich gesehen worden war, wenn sie ankam, war er immer schon wieder verschwunden. Es war jedes Mal eine herbe Enttäuschung. Sie ließ sich aber nicht beirren, hängte überall Suchplakate auf – nach einer Woche waren es bereits um die 500 Stück – und machte einfach weiter.

Nach circa einer Woche bekamen wir eine ungewöhnliche Meldung. Ein Passant hatte eine Frau mit

Hochsteckfrisur, weißer Hose und grünem T-Shirt beobachtet, die Jagua in ihr Auto gepackt und mit ihm weggefahren war. Es war alles sehr schnell gegangen und der Passant war sich erst im Nachhinein darüber klar geworden, dass es sich bei dem Hund wahrscheinlich um Jagua handelte. Das Ganze hatte sich, so hieß es, an einem Dönerstand zugetragen, an dem der Hund zuvor etwas Fleisch bekommen hatte.

Bei den Hinweisen, die ich von Tierfreunden bei solchen Anlässen erhalte, weiß ich nie genau, wie zuverlässig sie sind. Viele Menschen möchten uns helfen, aber es kann natürlich auch sein, dass jemand ein anderes Tier für das gesuchte hält. Wenn es aufgrund einer Ähnlichkeit zu einer Verwechslung kommt, dann gerate ich

Jagua

auf eine falsche Fährte. Doch das muss man in Kauf nehmen. Ich muss jedem Hinweis nachgehen und versuchen, aus dem Puzzle verschiedener Informationen Schlüsse zu ziehen, die mich weiterbringen.

Falls Jagua tatsächlich von der besagten Frau im Auto mitgenommen worden war, muss es ihm gelungen sein, ihr wieder zu entwischen, denn etwa drei Wochen, nachdem er aus dem Geschäft in der Maxvorstadt verschwunden war, rief der Platzwart eines Fußballstadions im circa 15 Kilometer entfernten Aschheim, nordöstlich von München, bei Frau L. an.

»Ich glaube, Ihr Hund ist hier bei uns im Stadion. Er befindet sich unter der Tribüne«, sagte er. »Ich habe versucht, ihn mit Würstchen anzulocken, aber er ist sehr scheu und kommt nicht heraus. Ich habe ihm eine Decke und ein paar Würstchen unter die Tribüne gelegt. Aber es wäre sicher gut, wenn Sie schnell herkommen könnten.«

Das Herz von Frau L. machte einen Satz, als sie diese gute Nachricht hörte. Sie gab mir schnell telefonisch Bescheid und machte sich sofort auf den Weg. Unterdessen bat ich eine Tierschützerin aus unserem Netzwerk ehrenamtlicher Helfer, die in der Nähe des Stadions wohnt, dorthin zu fahren. Wir wissen ja nie, wie lange ein Tier an Ort und Stelle bleibt, und ich wollte alles dazutun, dass wir Jagua nun nicht mehr aus den Augen verloren.

Die Tierschützerin war sehr schnell im Stadion. Sie hatte viel Erfahrung im Umgang mit scheuen Hunden und wendete eine kleine List an, um Jagua anzulocken. Sie legte sich vor der Tribüne auf den Rasen und bewegte sich nicht. Wenn man sich tot stellt, kommen die meisten Tiere herbei, weil sie nachsehen wollen, was los ist. Auch Jagua streckte vorsichtig seinen Kopf unter der Tribüne hervor. Da die Frau nach wie vor regungslos dalag, wagte er sich allmählich Schritt für Schritt näher an sie heran, bis er schließlich bei ihr war und sie beschnuppern konnte.

Jetzt musste alles sehr rasch gehen. Blitzschnell fasste die Tierschützerin Jagua an seinem Brustgeschirr, das er immer noch trug, und hielt ihn gut fest. Der kleine Kerl wehrte sich nicht. Wahrscheinlich spürte er, dass sie nur sein Bestes wollte.

Etwa eine halbe Stunde später traf auch Frau L. im Stadion ein. Die Wiedersehensfreude war riesengroß. Eine Viertelstunde fiepte und winselte der Hund vor lauter Begeisterung und sprang aufgeregt um Frau L. herum, bei der einige Tränen flossen. Sie hatte in den letzten Wochen unter Dauerstress gestanden und sich ständig Sorgen um ihren Liebling gemacht. Außerdem war sie unermüdlich auf der Suche nach ihm gewesen. Gott sei Dank hatte sich all die Mühe auch in diesem Fall gelohnt.

Frau L. bedankte sich sehr herzlich bei mir für die gute Zusammenarbeit und versprach, in Zukunft ehrenamtlich für das Tierheim München zu arbeiten. So wurde sie Teil unseres ständig wachsenden Netzwerkes von Tierfreunden, die ich um Hilfe bitten kann, wenn wieder einmal »Not am Mann« ist. Nach vielen Jahren sind wir immer noch in Verbindung. Oft kommt Frau L. überdies zu unseren Tierheimfesten. Dann sammelt sie mit Jagua, der eine Spendenbüchse um den Hals trägt, für unsere Tierheimtiere.

Wundersame Fügungen

Manche Geschichten, die ich in der Vermisstenstelle erlebe, sind ziemlich unglaublich, von »Zufällen« geprägt, die eigentlich völlig unwahrscheinlich sind. Sicher würde ich sie selbst nicht glauben, wenn ich nicht dabei gewesen wäre. Aber im Lauf der Jahre habe ich das so oft erlebt, dass ich mich beinahe über nichts mehr wundere. Wenn eine Geschichte so gut ausgeht wie in diesem Fall, freue ich mich einfach sehr darüber, egal aufgrund welcher Umstände es dazu gekommen ist.

Eines Tages rief die Katzenbesitzerin Frau J. sehr unglücklich bei mir im Büro an und meldete ihre Katze als vermisst. Minka sei seit etwa zehn Tagen nicht mehr nach Hause gekommen. Ich tat, was ich in solchen Fällen immer tue. Ich beruhigte Frau J. zunächst einmal und sagte ihr, sie werde ihr Tier bestimmt bald wiederfinden, und ich riet ihr, intensiv nach der Katze zu suchen, vor allem in geschlossenen Kellerräumen, Garagen und Schuppen, wo Katzen häufig eingesperrt werden, ohne dass es jemand merkt. Und da sie oft keinen Laut geben, wenn sie sich in einer ungewohnten Umgebung befinden, muss man besonders gründlich nach ihnen fahnden, alle dunklen Ecken, Nischen und möglichen Verstecke absuchen und darf vor allem nicht aufgeben. Außerdem riet ich Frau J., in Tierkliniken nachzufragen, ob ihre Katze vielleicht dort abgegeben worden war, sowie Aushänge – möglichst mit einem Foto – in der Umgebung zu machen, auf denen stand, dass die Katze vermisst wurde.

Ungefähr eine Stunde, nachdem Frau J. mich angerufen hatte, stand die Katze plötzlich vor ihrer Tür. Ihre Besitzerin konnte es kaum glauben. Sie rief mich an und berichtete mir von dieser glücklichen Fügung. Sie sagte: »Frau Kosenbach, es ist die reinste Magie. Da war meine Minka nun so lange weg, und kaum telefoniere ich mit Ihnen, ist sie wieder da. Es ist einfach unglaublich!«

Ich freute mich mit ihr und sagte im Scherz: »Sollte Ihre Katze noch einmal verschwinden, warten Sie das nächste Mal aber nicht so lange, sondern rufen mich gleich an, o.k.?«

Ungefähr ein Jahr später bekam ich an einem Donnerstag wieder einen Anruf von Frau J. Sie vermisste nun zwei Katzen. Ihre schwarze sei schon seit vier Wochen spurlos verschwunden und vor zwei Wochen war dann auch noch ihre getigerte weiße Katze nicht mehr nach Hause gekommen.

Ich fragte sie: »Warum rufen Sie mich denn jetzt erst an?«

Betreten antwortete Frau J.: »Ja, ich weiß, ich hätte es früher machen sollen. Aber ich dachte, die Katzen würden von alleine wieder auftauchen.«

Keine der beiden Katzen war bisher im Tierheim gemeldet worden, aber ich beruhigte die Besitzerin und sprach ihr Mut zu. Dann sagte ich: »Sie wissen ja ohnehin noch vom letzten Jahr, was Sie alles tun sollten – Aushänge machen, Tierkliniken anrufen, in verschlossenen Räumen nach ihnen suchen ... Machen Sie das alles, dann werden wir Ihre Katzen schon wiederfinden.«

Frau J. versprach, alles Nötige zu tun, dann beendeten wir unser Gespräch.

Bereits am nächsten Tag rief sie wieder bei mir an: »Sie werden es nicht glauben, Frau Kosenbach. Es ist genauso wie letztes Jahr. Stellen Sie sich vor – eine Stunde, nachdem ich meine Katzen bei Ihnen als vermisst gemeldet hatte, standen *beide* vor meiner Türe. Es ist wie ein kleines Wunder. Ich bin so froh, sie wiederzuhaben. Ich hatte nach ihrer langen Abwesenheit schon die allerschlimmsten Befürchtungen. Aber dass beide gleichzeitig und so schnell wieder aufgetaucht sind, nachdem ich mit Ihnen telefoniert hatte, das ist wirklich unfassbar. Ich weiß gar nicht, wie ich Ihnen danken soll.«

»Ich freue mich sehr, dass Ihre Katzen wieder da sind«, sagte ich. »Mit so einer schnellen Lösung hätte ich auch nicht gerechnet. Aber viele Fälle klären sich tatsächlich auf, wenn die Leute bei mir anrufen. Das hat sich im Laufe der Jahre immer wieder gezeigt. Deshalb sage ich allen Tierhaltern, sie sollen sich gleich bei mir melden, wenn sie ihre Lieblinge vermissen. Es klingt vielleicht manchmal etwas verrückt, aber in vielen Fällen, bei denen ich keine konkreten Anhaltspunkte hatte, tauchte ein vermisstes Tier kurz darauf wieder auf. Auch wenn keiner genau sagen kann, warum es funktioniert hat. Hauptsache, es funktioniert.«

Warum die Dinge sich manchmal auf so unerklärliche Weise fügen, kann ich nicht sagen. Aber ich erlebe es immer wieder und freue mich natürlich sehr darüber. Manche Menschen sind der Meinung, es müssten irgendwelche »höheren Kräfte« am Werk sein, da es mir häufig gelingt, Tiere oder ihre Halter anhand nur sehr spärlicher Informationen ausfindig zu machen. Andere glauben, ich hätte eine »geheime Verbindung« zu den vermissten Tieren und könnte auf wundersame Weise mit ihnen kommunizieren. Und einige Leute sind sicher davon überzeugt, dass ich etwas »spinne«. Ob man nun von »höheren Kräften«, »wundersamen Fügungen« oder von »Zufällen« sprechen mag, ich mache mir eigentlich nicht viele Gedanken darüber. Eins ist für meine tägliche Arbeit allerdings sehr wichtig, und das ist die Intuition. Sie gehört absolut dazu. Und ich denke, ich habe die Fähigkeit, mich sehr gut in Tiere hineinzuversetzen. Daher ahne ich oft, wo sie sich aufhalten oder – wenn sie irgendwo aufgefunden wurden – woher sie stammen könnten, selbst wenn sie weit weg von ihrem Zuhause aufgegriffen wurden.

Meine Motivation basiert auf dem dringenden Wunsch, den Tieren zu helfen. Und ich finde innerlich keine Ruhe, solange ein Fall nicht abgeschlossen ist. Soweit irgend möglich tüftele ich so lange herum, bis ich die Halter eines Tiers ausfindig gemacht oder ein als vermisst gemeldetes Tier wiedergefunden habe. Es ist wichtig, auch unwahrscheinlich scheinende Querverbindungen herzustellen, denn Tiere können sich aufgrund verschiedenster Umstände sehr weit weg von ihrem Zuhause aufhalten. Sicherlich habe ich in vielen Fällen nicht zuletzt auch durch meine langjährige Erfahrung ein glückliches Händchen gehabt. Aber ich glaube, der größte Erfolgsgarant ist mein tiefer Wunsch, den betroffenen Tieren und Menschen Leid zu ersparen und ihnen so gut wie möglich zu helfen. Das ist der innere Motor, der mich jeden Tag aufs Neue antreibt.

Geburt mit Hindernissen

Nervös lief die hochträchtige Mischlingshündin Dora in der Wohnung hin und her. Ihr Besitzer, Herr R., bemerkte ihre Unruhe sofort. Die letzten Tage hatte er seine neunjährige Hündin genau beobachtet, denn die Geburt ihrer Welpen stand kurz bevor. Dora war zum ersten Mal trächtig. Früher hatte sie alle Rüden weggebissen, aber vor ein paar Monaten war sie einem stattlichen Mischlingsrüden begegnet, dem sie offenbar nicht widerstehen konnte. Herr R. freute sich auf Doras Nachwuchs, gleichzeitig machte er sich allerdings auch Sorgen, ob alles gut gehen würde.

Da die Hündin in der Wohnung nicht zur Ruhe kam, wollte Herr R. einen kurzen Gang mit ihr machen. Vielleicht würde ihr etwas Bewegung und frische Luft guttun. Wie meistens beim Gassigehen ließ er die Leine auch an diesem Tag zu Hause, denn Dora folgte ihm aufs Wort.

Die Wohnung lag an einer verkehrsreichen Straße. Als Hund und Herrchen vor die Haustür traten, donnerten laut die Autos an ihnen vorbei. Normalerweise war das für die wesensfeste Dora kein Problem, aber in den letzten Tagen ihrer Trächtigkeit war sie überempfindlich und unsicher geworden. Vor lauter Schreck machte sie einen Satz und lief wie von der Tarantel gestochen davon.

Herr R. rannte ihr hinterher, verlor sie aber rasch aus den Augen. Verzweifelt suchte er die ganze Umgebung nach ihr ab. Nach ein paar Stunden rief er mich im Tierheim an und bat mich um Rat.

»Dora ist noch nie weggelaufen. Es muss an ihrer Trächtigkeit liegen, dass sie sich so erschreckt hat. Sie hat sich in den letzten Tagen ziemlich verändert, ist viel ängstlicher geworden. Normalerweise ist sie durch nichts aus der Ruhe zu bringen. Ich gehe jeden Tag mit ihr an befahrenen Straßen entlang. Sie ist an Autos und Verkehrslärm gewöhnt. Was mache ich denn jetzt? Sie kann jeden Moment ihre Jungen bekommen. Sie ist doch mein Ein und Alles.«

Ich beruhigte Herrn R. und riet ihm, auf jeden Fall intensiv weiterzusuchen. Ich gab ihm auch meine private Telefonnummer, damit er mich außerhalb der Bürozeiten zu Hause anrufen konnte.

Der Hundebesitzer machte sich sofort wieder auf die Suche. Ich hatte ihm während unseres Gesprächs angemerkt, wie viel ihm Dora bedeutete und wie groß seine Sorge um sie war. Er suchte den ganzen Tag und sogar die darauffolgende Nacht nach ihr. Als er mich am nächsten Morgen anrief, war er übermüdet und k.o. Bisher fehlte von seiner Hündin jede Spur.

Ich sagte zu ihm: »Geben Sie die Hoffnung bloß nicht auf. Dora hat sich bestimmt an einen ruhigen Platz zurückgezogen, an dem sie ihre Jungen zur Welt bringen kann. Suchen Sie auch an abgelegenen Orten nach ihr, die ihr vielleicht als Unterschlupf dienen könnten. Sie ist in einem besonderen Zustand und vermisst Sie wahrscheinlich sehr. Aber ich bin sicher, Sie werden sie finden.«

Herr R. gab nicht auf. Er nahm sich den Tag frei und begab sich erneut auf die Suche. Zwischendurch rief er mich immer wieder an und ich versuchte, ihm, so gut es ging, Mut zu machen. So verging der zweite Tag, an dem Dora verschwunden war. Die Zeit drängte, das war uns beiden klar.

Schließlich wurde diese Ausdauer belohnt. Am Abend des dritten Tages entdeckte er Dora in einer Baugrube, circa einen Kilometer von seiner Wohnung entfernt. Der Hündin ging es sehr schlecht. Die Wehen hatten offensichtlich bereits eingesetzt, aber irgendetwas stimmte nicht. Dora sah extrem mitgenommen aus. Sie atmete schwer und konnte nicht laufen. Herr R. reagierte sofort und brachte sie auf direktem Weg in die Tierklinik. Dort kam sie gleich in den OP. Es waren schwere Komplikationen aufgetreten und sie bekam einen Kaiserschnitt. Die Hündin hatte elf Welpen. Einer von ihnen hat es nicht geschafft. Alle anderen waren zum Glück gesund.

Alleine hätte Dora ihren Nachwuchs nicht zur Welt bringen können. Ihr Herrchen hat sie gerade noch rechtzeitig gefunden. Ohne seine Ausdauer und seine schnelle Hilfe wäre sie samt ihren Welpen gestorben. Herr R. war sehr froh darüber, dass er auf mich gehört und nichts unversucht gelassen hatte, um seinen Liebling zu finden.

Nach ein paar Tagen durfte die Hündin mit ihren Jungen wieder in ihre gewohnte Umgebung zurückkehren. Zu Hause war schon alles für sie vorbereitet und alle waren glücklich. Dora war eine fürsorgliche Mama und die Welpen entwickelten sich prächtig. Als sie groß genug waren, bemühte sich Herr R. intensiv darum, für die zehn kleinen Hunde einen guten Platz zu finden. Alle kamen in ein sehr schönes Zuhause und Dora genießt es, nun wieder die Hauptperson zu sein.

850 Kilometer im Umzugswagen

Die eineinhalbjährige Katze Queensy machte ihre tägliche Runde durch die ruhige Wohnsiedlung. Ohne Eile lief sie an den mit großen Bäumen bewachsenen Vorgärten der Einfamilienhäuser entlang. Am Ende der Straße bot sich ihr ein ungewohntes Bild. Vor einem der Häuser stand ein großer Umzugswagen. Die Laderampe am hinteren Ende des Fahrzeugs war heruntergeklappt. Als Queensy näherkam, sah sie im Inneren des Lkws zahlreiche Möbel und aufeinandergestapelte Kisten. Neugierig wie sie war, trippelte sie flugs die Rampe hinauf und lugte in den dunklen Laderaum hinein. Ihre feinen weißen Schnurrhaare zitterten. Ihr Entdeckerdrang war geweckt. Vorsichtig einen Fuß vor den anderen setzend, wagte sie sich weiter vorwärts und erkundete fasziniert die hohen Kistentürme und ineinander verschachtelten Möbelstücke. Doch plötzlich wurde es dunkel, die Laderampe wurde mit einem lauten Knall von außen zugeschlagen und fest verriegelt. Queensy war im Möbelwagen eingeschlossen. Für die Katze war es die Hölle. Sie wusste ja nicht, dass sie sich immer weiter von ihrer Heimat entfernte. Es waren viele lange Stunden und es war heiß im Wagen. Hunger und Durst hatte die Katze auch und es schaukelte und polterte zwischendurch immer wieder. Leider blieb der armen Katze nichts anderes übrig als zu warten. Also legte sie sich einfach zum Schlafen hin. Plötzlich gab es einen Ruck und der Wagen stand ganz still. Queensy fiel kopfüber von einem Karton, auf den sie sich gelegt hatte, und stieß sich dabei den Kopf an einem Tischbein. Ganz verschlafen lauschte sie, was jetzt passieren würde. Leise miaute sie. Plötzlich wurde die Ladeluke geöffnet und ein grelles Licht drang in ihr Gefängnis und blendete sie kurz. Vor lauter Schreck sprang sie einfach ins Blaue und landete in den Armen eines Lastwagenfahrers.

Dieser war natürlich auch sehr erschrocken, hielt aber Queensy fest in den Armen. Sofort telefonierte er mit der Polizei, die die Katze dann ins Münchner Tierheim brachte. Jetzt begann meine detektivische Arbeit, ohne zu ahnen, was da für ein Arbeitsaufwand auf mich zukam. Die getigerte Katze war in einem Umzugswagen in Kirchheim bei München gefunden worden. Die Polizisten hatten sich die Handynummer des Fahrers notiert, konnten mir aber keine weiteren Auskünfte darüber geben, von wo der Möbelwagen losgefahren war. Ich ging rasch die Vermisstenmeldungen durch, aber keine der Beschreibungen passte auf diese Fundkatze. Also rief ich den Fahrer des Umzugswagens an und fragte ihn, in welchem Ort der Wagen beladen worden war und ob er irgendwo Zwischenstation gemacht hatte. Der Fahrer war sehr freundlich. Der Möbelwagen kam direkt aus Frankreich, aus dem kleinen Ort Jouy-en-Josas in der Nähe von Versailles. Er war unterwegs ins Rhein-Main-

Gebiet und der Fahrer hatte in Kirchheim, dem Firmensitz der Spedition, den ersten Zwischenstopp eingelegt. Dort hatte er gemeinsam mit seinem Kollegen ein Miauen aus dem Innenraum des Lkws gehört, und beim Öffnen der Ladeklappe war ihnen die kleine Queensy förmlich in die Arme gesprungen. Wahrscheinlich war sie heilfroh, nach ihrer 850 Kilometer langen Odyssee im dunklen Laderaum wieder Menschen zu sehen.

Ich bat den Fahrer, mir die Telefonnummer der Leute zu geben, die aus dem kleinen Ort in Frankreich weggezogen waren. Vielleicht wussten sie, wem die Katze gehörte. Der Fahrer sagte, es tue ihm sehr leid, aber er könne mir die Telefonnummer aus Gründen des Datenschutzes nicht geben. Aber ich gab nicht auf und ließ mir die Nummer seines Chefs geben. Ich rief ihn an und erklärte ihm, weshalb ich die Leute, die in Frankreich gewohnt und seine Spedition mit dem Umzug beauftragt hatten, unbedingt erreichen musste. Auch er wollte mir ihre Telefonnummer aus Datenschutzgründen nicht geben. Ich ließ nicht locker und schlug ihm vor, er solle sich das Ganze in Ruhe überlegen und mich dann noch einmal anrufen.

Tatsächlich meldete er sich nach circa einer Stunde wieder bei mir und verriet mir die Telefonnummer des deutschen Ehepaars H., das in den Taunus umgezogen war. Endlich konnte ich diese Leute anrufen. Herr H. meldete sich und wusste sofort, wovon ich sprach. Er hatte die Katze bereits öfter in seiner Wohnsiedlung gesehen, wusste aber nicht, wem sie gehörte. Er gab mir seine ehemalige Adresse in Jouy-en-Josas, damit ich die Suche möglichst genau eingrenzen konnte. Außerdem bot er sogar an, Queensy zu übernehmen, falls es uns nicht gelänge, ihre Besitzer ausfindig zu machen. Er zog mit seiner Frau in ein Haus mit großem Garten, das sich ebenfalls in einer ruhigen Wohngegend befand. Die Katze würde es bei ihnen sehr gut haben, beteuerte er mir. Ich bedankte mich sehr herzlich bei ihm. Es ist immer gut, eine solche Möglichkeit in der Hinterhand zu haben. Aber mir lag natürlich viel daran, die Besitzer der Katze zu finden. Sie hatte ein Recht darauf, wieder nach Hause zu kommen.

Nun nervte ich mal wieder meine Kollegen. Die Katze musste so schnell wie möglich ins Internet gestellt werden. Die Resonanz, die wir auf unseren Internet-Aufruf bekamen, war enorm. Tierfreunde aus ganz Deutschland riefen bei mir an. Sie sagten mir, wie großartig sie die Aktion des Tierheims fänden. Sie waren begeistert davon, wie viel Mühe wir uns gaben, die Katze wieder zu ihrer Familie nach Frankreich zu bringen. Viele stellten den Aufruf auf ihre eigenen Facebook-Seiten, und so verbreitete sich die Suchaktion in Windeseile. Auch viele Leute, die konkret helfen wollten, meldeten sich. Manche von ihnen boten zum Beispiel an, bei einer Autokette nach Frankreich mitzuwirken, sobald wir das Zuhause der Katze ermittelt hatten. Jeweils ein Helfer würde sie ein Stück im Auto mitnehmen und sie an einem vereinbarten Treffpunkt dem nächsten Helfer übergeben, bis das Tier wohlbehalten wieder in Jouy-en-Josas ankam. Meine Telefone liefen förmlich heiß, so viele Anrufe gingen ständig ein. Ich freute mich sehr darüber, wie viele Leute mitfieberten und sich aktiv einbringen wollten.

Ich brauchte nun aber noch jemanden vor Ort, der mir weiterhelfen konnte. Also suchte ich im Internet die Telefonnummer des Bürgermeisterbüros in Jouy-en-Josas heraus. Da ich selbst kein Französisch spreche, wandte ich mich an eine Kollegin im Tierheim. Sie war bereit, die Telefonate nach Frankreich für mich zu führen. Als sie im Büro des Bürgermeisters anrief, erklärte ihr seine Sekretärin, man sei bereits informiert. Mehrere Tierfreunde aus dem größeren Einzugsbereich von Jouy-en-Josas hatten den Suchaufruf im Internet gelesen und den Bürgermeister von sich aus angerufen. Außerdem sagte die Sekretärin, im Bürgermeisterbüro habe man zwar sehr viel zu tun, aber man wolle trotzdem helfen, um die Besitzer der Katze ausfindig zu machen.

Mittlerweile hatten einige Tierfreunde im größeren Einzugsbereich von Jouy-en-Josas bereits französische Plakate mit dem Foto der kleinen Katze aufgehängt, das ich ihnen zugemailt hatte. Die ganze Umgebung war in heller Aufregung. Überall klebten die Plakate wie bei einer Präsidentenwahl. Wir hofften alle sehr, dass es nun nicht mehr lange dauern würde, bis wir erfuhren, wo die Katze hingehörte.

Circa eine Woche, nachdem Queensy bei uns eingeliefert worden war, rief mich morgens die deutsche Auswanderin Frau M. an. Sie wohnte gut 20 Kilometer von Jouy-en-Josas entfernt. Sie hatte sich das Foto der Katze aus dem Internet ausgedruckt und wollte nun zu der Straße fahren, aus der das Ehepaar H. weggezogen war. Dort würde sie versuchen, die Besitzer ausfindig zu machen. Ich setzte große Hoffnungen auf diese hilfs-

Queensy mit glücklichem Herrchen

bereite Frau und wartete den ganzen Vormittag auf eine hoffentlich erfreuliche Nachricht. Endlich kam der ersehnte Anruf.

»Frau Kosenbach, ich habe die Besitzer der Katze tatsächlich gefunden«, sagte Frau M. „Sie wohnen schräg gegenüber von dem ehemaligen Haus der H.s und haben Queensy schon schmerzlich vermisst. Ihre zwei kleinen Kinder, vier und sechs Jahre alt, haben viel um sie geweint. Die Familie A. war sehr angetan davon, mit welchem Einsatz fremde Leute – sogar im Ausland – für ihre Katze aktiv geworden sind. Von der großflächigen Plakataktion in ihrer Gemeinde hatten sie bisher nichts mitbekommen, weil sie etwas außerhalb wohnen. Besonders nett war eine Bemerkung des sechsjährigen Sohnes. Er wollte am liebsten gleich in einem Umzugskarton nach München reisen, um die Katze abzuholen.«

Ich bedankte mich sehr herzlich bei Frau M. Dank ihres tatkräftigen Engagements wussten wir endlich, wo Queensy hingehörte. Ich schnappte mir wieder meine Französisch sprechende Kollegin und bat sie, die Familie A. anzurufen. Madame A. erklärte ihr, sie müssten erst noch einen Weg finden, um nach München zu kommen. Sie würde sich wieder melden, sobald sie wisse, wie sie es organisieren könnten. Auf ein paar Tage mehr oder weniger kam es jetzt auch nicht mehr an. Ich freute mich einfach riesig, dass Queensy bald wieder zu Hause sein würde.

Am nächsten Vormittag kam eine meiner Kolleginnen ganz aufregt zu mir gerannt. Sie sagte: »Evi, der Franzose ist da! Der Franzose ist da!« Ich konnte es kaum glauben und lief rasch zur Zentrale. Dort wartete tatsächlich der sympathische Monsieur A. Er hatte sich tags zuvor gleich nach der Arbeit ins Auto gesetzt und war die ganze Nacht durchgefahren, damit er Queensy möglichst schnell nach Hause bringen konnte. Ich strahlte über das ganze Gesicht. Diese Leute mussten ihre Katze wirklich über alles lieben. Ich ging mit Monsieur A. zu dem Zimmer im Katzenbau, wo Queensy untergebracht war. Als sie ihn sah, rannte sie auf ihn zu, strich um seine Beine und blickte liebevoll zu ihm auf. Monsieur A. nahm sie in die Arme. Auch ihm sah man an, wie glücklich er war, sie wiederzuhaben.

Für die Rückreise hatte der fürsorgliche Mann eine äußerst komfortable Transportbox mitgebracht. Sie war innen ringsum weich gepolstert und hatte einen eingehängten Futter- und Wassernapf. Ich war begeistert. Eine solch komfortable Transportbox hatte ich noch nie gesehen. Queensy würde im Gegensatz zu ihrer unfreiwilligen Hinreise im Möbeltransporter während der Rückfahrt bestens versorgt sein. Es war eine wahre Freude, Herrchen und Katze wieder vereint zu sehen.

Monsieur A. bedankte sich sehr herzlich bei mir und meinen Kollegen und sagte, es sei ihm völlig neu, dass sich Menschen so für Tiere einsetzten, und er habe eine große Hochachtung vor dem, was wir leisteten. Ich wünschte der Katze und ihrem Herrchen eine gute Heimreise und verabschiedete mich von beiden. Der Fall hatte viel Zeit in Anspruch genommen. Daneben ging die normale Arbeit ja weiter. Es gab noch andere Tiere, denen ebenfalls geholfen werden musste. Aber unsere Mühe und der Einsatz all der zahlreichen Helfer in Deutschland und Frankreich hatte sich gelohnt.

Zwei Tage nachdem Monsieur A. bei uns war, rief er noch einmal an. Queensy hatte während der gesamten Rückfahrt seelenruhig geschlafen. Zu Hause angekommen, trat sie aus der Transportbox, als wäre nichts passiert, und begrüßte den Rest der Familie. Alle waren glücklich, wieder vereint zu sein, und auch die Facebook-Gemeinde war happy. »Ich kann gar nicht sagen, wie sehr ich mich freue«, postete eine Userin.

Mit dem Wohnmobil auf Hundefang

Frau D. ging mit der vierjährigen Bernersennenhündin Sarah in einem Park im Münchner Stadtbezirk Ramersdorf spazieren. Sie hatte die Hündin für eine Weile zur Betreuung von ihrer Tochter übernommen, weil diese sich aus beruflichen Gründen nicht intensiv genug um die sensible Sarah kümmern konnte. Sarah stammte aus dem Augsburger Tierheim und keiner kannte ihre Vorgeschichte. Wahrscheinlich hatte sie ein paar schlechte Erfahrungen gemacht. Man konnte sie jedenfalls nie lange alleine lassen. Da die Tochter von Frau D. im Moment in der Arbeit stark eingespannt war, hatte ihre Mutter angeboten, eine Weile für Sarah zu sorgen.

An diesem Herbsttag ließ sie die Hündin wie sonst auch ohne Leine im Park laufen. Doch plötzlich schoss Sarah davon und reagierte nicht mehr auf die Rufe von Frau D. Sie blieb verschwunden. Nach einer Weile meldete Frau D. sie bei mir als vermisst. Zu diesem Zeitpunkt hatte ich bereits mehrere Anrufe von Tierfreunden erhalten, die eine freilaufende Bernersennenhündin in verschiedenen Parks in Ramersdorf gesehen hatten. Das Tierheim startete einen Aufruf in verschiedenen Zeitungen. Menschen, die Sarah sahen, wurden gebeten, sich bei mir zu melden. Außerdem machten wir zahlreiche Aushänge, auf denen auch meine Handynummer stand. So war ich auch spätabends erreichbar und konnte schnell reagieren.

In der nächsten Zeit gingen viele Anrufe ein und einige Leute boten ihre Hilfe an. Sie machten zusätzliche Aushänge überall da, wo Sarah bisher gesichtet worden war. Zudem richteten wir mehrere Futterstellen an den Plätzen ein. Freiwillige Helfer, die vor Ort wohnten, füllten regelmäßig Futter auf. Zwischendurch gingen immer wieder Meldungen ein. Einige Leute hatten Sarah aus Laubhaufen auftauchen sehen. Wahrscheinlich schlief sie darin, denn der Winter war nicht mehr fern und die Nächte waren zum Teil schon empfindlich kalt.

Ich machte mir auch Sorgen um Sarah, weil sie sich ständig in einem Bereich mit stark befahrenen Straßen aufhielt. Im Laufe der Zeit zog sie immer größere Kreise und ihre Aufenthaltsorte wurden gefährlicher, da sich im weiteren Radius noch größere Straßen befanden. Auch die Salzburger Autobahn war nicht weit entfernt. Wir konnten alle nur hoffen, dass die Hündin ihre Exkursionen gut überstand.

Nach einer Weile hatten wir insgesamt sieben Futterplätze eingerichtet. Sarah suchte sie regelmäßig auf und fraß die Näpfe leer. Nun musste immer ein Futternapf nach dem anderen weggenommen werden, bis zum Schluss nur noch einer übrig blieb. Dies zog sich über drei Wochen hin. Wir mussten äußerst kontrolliert und langsam vorgehen, damit Sarah weiterhin ihre gewohnte Runde machte und tatsächlich zum letzten verbleibenden Futterplatz kam.

Als nur noch ein Futterplatz übrig war, stellten wir dort eine Hundefalle mit einer Falltüre auf. Da eine solche Falle im Stadtbereich aber nie unbeaufsichtigt sein darf, weil dies für die Öffentlichkeit zu gefährlich wäre, mussten wir sie rund um die Uhr bewachen. Ich stellte zu diesem Zweck mein Wohnmobil in der Nähe des Futterplatzes auf. Dort konnten wir den Platz beobachten, ohne von der Hündin bemerkt zu werden. Ich spannte einige meiner Kollegen ein, die in ihrer Freizeit jeweils Vier-Stunden-Schichten übernahmen. Auch einige andere Freiwillige halfen uns bei der lückenlosen Überwachung. Insgesamt waren sechs Tierfreunde abwechselnd vor Ort. Doch nun ließ sich Sarah tagelang nicht blicken und wir mussten die Aktion irgendwann abbrechen. Wir konnten die Rundum-Überwachung nicht ewig fortsetzen. Die vielen Stunden der freiwilligen Helfer waren umsonst gewesen.

Zwischendurch kamen weiterhin Meldungen über Sarahs Aufenthaltsorte. Ich sah nur noch eine Möglichkeit, die Hündin zu retten. Ich rief ihre Besitzerin an und bat sie, uns zu helfen. Sie reiste am nächsten Wochenende tatsächlich von Augsburg an und harrte den ganzen Tag mit mir im Wohnmobil aus. Als es bereits dunkel wurde, erblickten wir Sarah plötzlich. Uns stockte der Atem. Sie lief mitten zwischen den Autos hindurch über eine dicht befahrene Straße. Wir befürchteten, dass sie vor unseren Augen überfahren wurde. Irgendwie schaffte sie es, die Straße unversehrt zu überqueren, und lief direkt zum Futternapf.

Ich war sehr aufgeregt. Nach drei Monaten der Suche und Verfolgung stand Sarah nun noch 20 Meter entfernt vor uns. Vor lauter Aufregung schubste ich die Besitzerin aus dem Auto. Ich wollte auf keinen Fall den Moment verpassen. Sarah konnte nach dem Fressen schnell wieder verschwinden. Frau S. fiel fast aus dem Auto, gab aber zum Glück keinen Laut von sich. Dann bewegte sie sich, wie besprochen, langsam ein kleines Stück auf Sarah zu und ging dann in die Hocke. Das ist wichtig, um einen scheuen Hund nicht zu vertreiben. Sie rief mehrmals lockend Sarahs Namen. Die Bernersennenhündin hob den Kopf, bewegte sich jedoch nicht. Immer wieder rief Frau S. sie, und nach einer ganze Weile näherte Sarah sich zögernd. Plötzlich erkannte sie ihr Frauchen und rannte wie verrückt und wild mit dem Schwanz wedelnd auf Frau S. zu. Es war eine große Wiedersehensfreude und Sarah ließ sich sogar von mir streicheln, obwohl sie so scheu war. Sie war nach ihrer langen Zeit des Streunens in einem ziemlich verwahrlosten Zustand. Sie stank fürchterlich und hatte viele Flöhe. Aber das war uns in diesem Moment egal. Hauptsache, wir hatten sie unversehrt wieder.

Frau S. wollte ihre Sarah nun nicht wieder hergeben. Sie bedauerte es sehr, dass sie sich zwischenzeitlich überfordert gefühlt und die Hündin an ihre Mutter abgegeben hatte. Nun hatte sie gesehen, wie sehr Sarah an ihr hing, und war entschlossen, in ihrem Alltag neben der Arbeit mehr Zeit für Sarah aufzubringen.

Ich freute mich sehr für beide und rief Frau S. auch in den kommenden Monaten mehrmals an, um mich zu erkundigen, wie es ihr mit Sarah erging. Ich sprach ihr stets Mut zu und versicherte ihr, dass die Hündin ihre Scheu allmählich ablegen würde. Man musste ihr nur genug Zeit dafür geben. Manchmal dauern solche Prozesse relativ lange. Aber die Tiere verändern sich, wenn sie in einer stabilen Situation sind, in der sie neues Vertrauen aufbauen können.

Meine Arbeit ist häufig nicht beendet, wenn ein Tier wieder zu seinem Besitzer zurückgekehrt ist. Falls nötig, betreue ich die Leute auch noch im Nachhinein. Und vielen, die ein Tier abgeben wollten, konnte ich schon mit einem guten Rat helfen. Manchmal kann das Tierheim auch praktische Unterstützung bieten, etwa, wenn ein Gassigeher oder ein Tiertrainer benötigt wird. Man muss sich auf der Suche nach einer Lösung hin und wieder etwas einfallen lassen, aber es gibt immer einen Weg.

Das Erkennungsmerkmal

Die kleine gestromte Katze Elsa lebte bei Frau G. in einer ruhigen Wohnsiedlung in einer kleinen Stadt in der Oberpfalz. Sie war im Alter von vier Monaten zu ihr gekommen und seit dieser Zeit waren die beiden ein Herz und eine Seele. Elsa hatte eine hübsche Stupsnase, ein samtiges Fell und große bernsteinfarbene Augen. Sie war sehr aufgeweckt, abenteuerlustig und gerne draußen in der Natur unterwegs. Wenn sie von ihren Ausflügen zurückkehrte, kuschelte sie sich unter die Bettdecke und ließ sich schnurrend von ihrem Frauchen kraulen. Sie war extrem verschmust und konnte gar nicht genug Streicheleinheiten bekommen.

Eines Tages im August kam Elsa nicht von ihrem Erkundungsgang zurück. Frau G. rief nach ihr und suchte alles nach ihr ab, aber die Katze war spurlos verschwunden. Die verzweifelte Besitzerin bat ihre Nachbarn, in Kellern und Garagen nach Elsa zu suchen, doch niemand fand sie. Am nächsten Tag klingelte Frau G. bei jedem Haus ihrer Wohnsiedlung, um nachzufragen, ob Elsa vielleicht jemandem zugelaufen war. Außerdem hatte sie Suchplakate mit einem Foto ausgedruckt und hängte sie an Straßenlaternen, Bushaltestellen, Verkehrsschildern sowie in Geschäften auf. Überdies informierte sie die Polizei, Tierärzte und Tierheime in der Umgebung. In einer großen Tageszeitung gab sie eine Suchanzeige auf, die fünf Wochen lang erschien. Und tatsächlich meldeten sich einige Leute, denen eine Katze zugelaufen war, aber es handelte sich nie um Elsa.

Frau G. gab nicht auf. Sie durchforstete die Tiermarktseiten im Internet und prüfte, ob jemand vielleicht versuchte, ihre Katze zu verkaufen. Zudem rief sie Internetseiten von Organisationen auf, die vermisste Tiere sowie Fundtiere auflisten. Doch nirgendwo wurde sie fündig. Schließlich suchte sie nach Adressen von Tierarztpraxen und Tierheimen, die weiter entfernt lagen, und meldete ihre Katze auch dort als vermisst. An all diese Adressen schickte sie eine Mail mit einem Foto von Elsa. So auch an das 200 Kilometer von ihrem Wohnort entfernte Tierheim München. Nach fünf Wochen intensiver Suche nach ihrem Liebling hatte sie alle Möglichkeiten ausgeschöpft. Sie war sehr traurig, denn es gab keinen einzigen Hinweis auf ihre Katze, aber es blieb ihr nichts anderes übrig, als abzuwarten und zu hoffen, dass Elsa doch noch irgendwann wieder auftauchte.

Anfang Oktober wurde eine gestromte Fundkatze aus München Freimann im Tierheim eingeliefert. Sie war weder tätowiert noch gechipt. Ich fotografierte das zutrauliche Tier, damit wir es gleich ins Internet stellen konnten. Dann sah ich die Vermisstenmeldungen der letzten Zeit durch. Ich musste weit zurückblättern, bis ich auf eine knapp zwei Monate alte Meldung stieß, die von der Beschreibung her auf die Fundkatze passte.

Allerdings war die Katze in der Oberpfalz entlaufen. Die Besitzerin hatte sämtliche Tierheime in einem Radius von über 200 Kilometern informiert. Wahrscheinlich hatte sie gedacht, ein »Schuss ins Blaue« könne nicht schaden. Ich rief sie sofort an, und nachdem ich mich kurz vorgestellt hatte, sagte ich zu ihr: »Wir haben heute eine Katze bekommen, die im Norden Münchens gefunden wurde. Es könnte Ihre Elsa sein.«

Frau G. antwortete: »Das kann ich mir kaum vorstellen. Wie sollte meine Elsa denn bis nach München gekommen sein? Die Entfernung ist doch riesig.«

Ich ließ mich nicht beirren: »Die Katze sieht genauso aus, wie die auf Ihrem Foto und die Beschreibung passt perfekt auf sie. Außerdem hat sie ein besonderes Erkennungsmerkmal. Sie hat einen rosafarbenen Ballen an der Hinterpfote.«

Am anderen Ende der Leitung war es einen Moment lang still. Dann sagte Frau G. aufgeregt: »Das ist verblüffend, denn meine Katze hat ebenfalls einen rosafarbenen Ballen an der Hinterpfote. Aber ich kann trotzdem nicht glauben, dass es sich um Elsa handelt.«

Ich hatte nun keinen Zweifel mehr. »Es ist Ihre Katze, da bin ich mir hundertprozentig sicher. Ich weiß, wie schwer es ist, das zu glauben, denn es ist in der Tat ein weiter Weg von der Oberpfalz bis nach München. Aber glauben Sie mir, ich habe schon die unwahrscheinlichsten Dinge erlebt. Es gibt zahllose Möglichkeiten, wie Elsa bis hierher gekommen sein könnte. Ich schicke Ihnen am besten per Mail ein Foto von ihr zu. Dann können Sie sich selbst davon überzeugen.«

»Das ist sehr nett von Ihnen«, sagte Frau G. »Verstehen Sie meine Skepsis bitte nicht falsch. Ich wünsche mir so sehr, dass die Katze bei Ihnen tatsächlich meine Elsa ist. Ich habe sie so vermisst und alles Mögliche unternommen, um sie zu finden. In den letzten Tagen habe ich die Hoffnung schon fast aufgegeben. Ich warte nun also auf das Foto und sobald ich es empfangen habe, melde ich mich wieder bei Ihnen.«

Ich schickte Frau G. umgehend eine E-Mail mit dem Foto der Fundkatze als Anhang und kurz darauf rief sie mich zurück.

»Die Katze auf dem Foto sieht tatsächlich genauso aus wie meine Elsa«, sagte sie.

»Na sehen Sie«, sagte ich erfreut, »wann können Sie denn ins Tierheim kommen, um sie abzuholen?«

Frau G. zögerte: »Es tut mir wirklich leid, Frau Kosenbach, aber ich bin mir immer noch nicht sicher, ob es Elsa ist. Es gibt so viele Katzen, die sich ähnlich sehen. Wenn ich den ganzen Weg aus der Oberpfalz zu Ihnen komme und sich herausstellt, dass es sich doch um ein anderes Fundtier handelt, wäre das eine bittere Enttäuschung für mich. Ich bin einfach sehr verunsichert.«

Ich merkte, wie sehr Frau G. an ihrer Katze hing und wie sehr sie sich wünschte, dass ihre Elsa tatsächlich bei uns war. Um alle Zweifel zu beseitigen machte ich ihr folgenden Vorschlag: »Ich könnte ein Foto von der Pfote der Katze machen und es Ihnen ebenfalls per Mail schicken. Was halten Sie davon? Wenn Sie die Pfote sehen, werden Sie sicher eindeutig sagen können, ob es Ihre Katze ist.«

»Das ist eine sehr gute Idee. Ich möchte Ihnen wirklich keine unnötigen Umstände machen, aber auf diese Weise kann ich sichergehen. Ich weiß genau, wie Elsas Pfotenballen aussehen.«

Ich ging noch einmal zu der kleinen Katze und mithilfe einer Kollegin fotografierte ich die Pfote von unten. Dann mailte ich das Foto an Frau G. Fünf Minuten später rief sie mich fröhlich an: »Es ist Elsa, es ist tatsächlich Elsa! Jetzt bin ich mir absolut sicher. Das Foto ist eindeutig. Vielen herzlichen Dank für Ihre Mühe, Frau Kosenbach. Ich freue mich riesig. Ich komme heute noch mit dem Zug zu Ihnen und hole meine Katze ab.«

Am Nachmittag traf Frau G. mit einem Katzenkorb ausgerüstet bei uns ein. Sie hatte eine flauschige Decke hineingelegt, damit Elsa es während der weiten Rückreise auch bequem hatte. Auf dem Weg in die Katzenquarantäne war sie sehr aufgeregt. Sie konnte es kaum erwarten, Elsa endlich wiederzusehen. Und sie war immer noch verwundert darüber, sie so weit von zu Hause entfernt zu finden. Als wir vor Elsas Käfig ankamen, begann diese vor lauter Freude zu miauen. Überglücklich schloss Frau G. ihren Liebling in die Arme. »Wo hast du die ganzen Wochen nur gesteckt, meine Kleine? Und wie um alles in der Welt bist du nach München gekommen?«

»Tja, das werden wir wohl leider nie erfahren«, sagte ich. »Wir haben immer wieder mal Tiere, deren Besitzer weit weg wohnen. Und in vielen Fällen bleibt es ihr Geheimnis, was sie in der Zeit, in der sie vermisst waren, alles erlebt haben. Wir können nur Vermutungen anstellen. Manche Katzen geraten in den Laderaum eines

Lkw und tauchen deshalb an entfernten Orten auf. Andere steigen aus unerfindlichen Gründen in einen Zug ein. Die unglaublichsten Dinge sind möglich. Aber am wichtigsten ist, dass Elsa ihr Abenteuer unverletzt überstanden hat und es ihr offensichtlich gut geht.«

»Ja, das ist die Hauptsache«, pflichtete Frau G. mir bei. »Auch wenn ich nur zu gerne wüsste, wie Elsa die letzten Wochen verbracht hat. Nun wollen wir aber sehen, dass wir nach Hause kommen. Wir haben immerhin noch eine fünfstündige Rückreise vor uns.«

Wir verabschiedeten uns voneinander und Frau G. versprach mir, sich nach ein paar Tagen noch einmal zu melden, um Bescheid zu geben, ob Elsa sich wieder gut eingelebt hatte. Das tat sie auch und schickte mir zudem eine Geschichte über ihre Erlebnisse rund um die Suche nach Elsa, die wir auf die Internetseite des Tierheims stellten. Darin schreibt sie:

»Es war so toll, Elsa wieder bei mir zu haben. Wer denkt denn schon, dass sich eine Katze über 200 Kilometer entfernt von zu Hause aufhält und eine so lange Reise auch noch überlebt? Einfach Wahnsinn und unglaublich. Es hat sich wirklich gelohnt, fünf Wochen zu suchen und zehn Stunden unterwegs zu sein, denn so lange dauerte meine Hin- und Rückreise mit Bahn, Bus, U-Bahn und Auto.

Elsas Erkennungsmerkmal – ihr rosafarbener Ballen

In der ersten Nacht durfte Elsa mit in meinem Bett schlafen. Ich war so geschafft von der langen Reise, dass ich einfach nur noch ins Bett fiel. Trotzdem wachte ich nachts auf und sah nach, ob sie wirklich da ist, weil ich es gar nicht glauben konnte. Insgesamt war sie sieben Wochen und drei Tage von zu Hause weg. Elsa hat sich wieder gut eingelebt und macht das, was sie vor ihrem Verschwinden auch gemacht hat. Ich bin so glücklich, ihr wieder beim Herumtollen zusehen zu können. Dass sie wieder bei mir ist, nenne ich ein Wunder – ein schönes Wunder.«

Trauriges Schicksal

Bei den meisten Fundtieren, die im Tierheim abgegeben werden, gelingt es uns, die Besitzer ausfindig zu machen. Leider gibt es aber auch immer wieder Fälle, die nicht gut ausgehen oder eine völlig unerwartete Wendung nehmen. Dazu gehört auch die Geschichte des Schäferhundmischlings Peppino. Dieser alte Mischlingshund kam als Fundtier zu uns. Er war im Bereich des Münchner Schlachthofs aufgegriffen worden, da er alleine dort herumstreunte und in einem extrem verwahrlosten Zustand war. Er hatte langes, graues, zotteliges Fell, stank erbärmlich und hatte viel zu lange Krallen. Sein Fell war so verfilzt, dass die Pfleger Peppino scheren mussten. Dabei stellten sie fest, wie abgemagert das arme Tier bereits war. Unter seinem dichten Fell hatte man das auf den ersten Blick gar nicht erkennen können.

Peppino tat mir sehr leid und ich ging sofort die Vermisstenmeldungen durch. Bei den aktuellen Meldungen war der Hund nicht dabei. Daher sah ich auch die Ordner der vergangenen Jahre gründlich durch. Schließlich stieß ich auf eine Beschreibung, die auf Peppino passte. Er war bereits vor drei Jahren beim Gassigehen verschwunden. Ich freute mich sehr, den Besitzer, Herrn D., ausfindig gemacht zu haben. Sofort rief ich ihn an und erwartete natürlich, dass er angesichts dieser Neuigkeiten positiv überrascht sein würde. Als ich ihm eröffnete, dass sein Hund gefunden worden war, herrschte zunächst eine eisige Stille am Telefon. Dann sagte Herr D. fast in einem vorwurfsvollen Ton: »Sie wissen ja gar nicht, was Sie mir damit angetan haben.«

Ich erschrak. Mit einer solchen Reaktion hatte ich überhaupt nicht gerechnet. Als ich mich wieder gesammelt hatte, fragte ich Herrn D., warum ich ihm mit dieser doch eigentlich positiven Nachricht etwas angetan habe. Da erzählte er mir, wie schlimm der Verlust von Peppino für ihn gewesen sei. Herr D. hatte den Hund bereits zu sich genommen, als dieser noch ein kleiner Welpe war. Er hatte ihn großgezogen. Er war ihm stets ein toller Gefährte und Herr D. hing sehr an ihm. Eines Tages verschwand Peppino beim Gassigehen ohne Leine und tauchte nicht mehr auf.

Herr D. setzte alle Hebel in Bewegung, um seinen geliebten Hund wiederzufinden. Er meldete ihn im Tierheim als vermisst, hängte zahllose Plakate auf, sprach mit Nachbarn und Spaziergängern, suchte sogar mithilfe von Zeitungsartikeln nach Peppino. Lange Zeit gab er die Hoffnung nicht auf und glaubte fest daran, das Tier eines Tages wiederzufinden. Doch als Monate und Jahre vergingen, kam irgendwann der Punkt, an dem Herr D. sich innerlich von seinem Hund verabschiedete. Er musste die Geschichte auf irgendeine Weise für sich abschließen, denn es war zermürbend, ständig vergeblich auf die Rückkehr von Peppino zu warten.

Etwa ein Jahr, bevor ich ihn anrief, nahm Herr D.

einen anderen armen Hund bei sich auf. Es handelte sich um einen Problemhund, der an einem schlechten Platz war. Seine Besitzer kamen nicht mit ihm zurecht und kümmerten sich auch zu wenig um ihn. Herr D. wollte dem Tier helfen und nahm sich seiner an. Dieser Hund vertrug sich nicht mit anderen Tieren. Daher war es ausgeschlossen, Peppino im gleichen Haushalt unterzubringen.

Herr D. befand sich in einem Dilemma. Er konnte nicht für beide Hunde sorgen. Der Hund, den er vor einem Jahr bei sich aufgenommen hatte, war kaum vermittelbar. Seine Chancen, noch einmal einen guten Platz zu finden, waren denkbar schlecht. Außerdem war es ihm kaum zuzumuten. Der Hund hatte sich bei Herrn D. sehr gut entwickelt. Es wäre grausam gewesen, ihn nun aus seinem Umfeld herauszureißen. Gleichzeitig tat es Herrn D. natürlich in der Seele weh, den lang vermissten Peppino nicht mehr aufnehmen zu können. Dass das so war, das war ihm sofort klar gewesen. Er konnte nicht beiden Hunden gerecht werden und musste sich schweren Herzens gegen seinen Peppino entscheiden. Deshalb hatte ihn die Nachricht, dass Peppino wiedergefunden worden war, im ersten Moment völlig überfordert.

Nachdem er mir all dies erzählt hatte, konnte ich mich gut in seine Lage hineinversetzen und seine erste Reaktion am Telefon besser verstehen. Ich versprach ihm, einen guten Platz für seinen Hund zu suchen. Und tatsächlich fand Peppino ein liebevolles Zuhause, wo er nun seine letzten Jahre verbringen kann. Das teilte ich seinem früheren Herrchen sofort telefonisch mit. Er war sehr erleichtert.

Da Peppino insgesamt drei Jahre lang verschwunden war, ist es so gut wie sicher, dass jemand ihn bei sich aufgenommen, aber nicht gut für ihn gesorgt hat. Jeder, der ein Tier findet, ist dazu verpflichtet, dies dem Tierheim oder der Polizei mitzuteilen. Andernfalls begeht er Fundunterschlagung, und das ist ein strafbares Delikt. Sowohl für die Besitzer, die häufig endlos ihr Tier suchen, als auch für die Tiere selbst ist dies in der Regel eine schlimme Situation. Ich kann daher nur an alle Tierfreunde appellieren: Bitte kümmern Sie sich um herrenlose Tiere, aber melden Sie diese umgehend bei der Vermisstenstelle des Tierheims, um den Besitzern und den Tieren unnötiges Leid zu ersparen.

Wiedergefunden nach 16 Jahren

Im April des Jahres 2012 brachten zwei Waldbesitzer einen rotgetigerten Kater ins Tierheim. Sie hatten ihn in einem Wald in der Nähe von Ebersberg in einem Schuppen gefunden, in dem sie Holz lagerten. Der Kater war ziemlich abgemagert und offensichtlich sehr alt. Ein weiteres auffälliges Merkmal: Ihm fehlten die Vorderzähne. Außerdem hatte er eine stark verblasste, kaum noch lesbare Tätowierung. Wie immer rätselte ich ewig herum, um aus den schwer erkennbaren Buchstaben und Zahlen eine logische Zeichenfolge herauszulesen.

Nach langem Hin und Her landete ich schließlich telefonisch bei dem Tierarzt, der den Kater tätowiert hatte. Es dauerte eine ganze Weile, bis er in seinen handschriftlichen Notizen im Archiv die Besitzerin von Poldi, so hieß der Kater, ausfindig machen konnte. Er hatte ihn bereits vor 17 Jahren kastriert und tätowiert. Poldis Besitzerin, Frau K., war nur dieses eine Mal bei dem Tierarzt gewesen, daher konnte er mir nicht sagen, ob ihre Anschrift noch stimmte. Eine Telefonnummer hatte er nicht. Ich recherchierte im Internet, konnte aber auch hier keine weiteren Angaben zu Frau K. finden. Daher bat ich den ehrenamtlichen Mitarbeiter des Tierheims, Herrn B., direkt zu der Adresse in Unterhaching zu fahren, die der Tierarzt mir genannt hatte.

Herrn B. kenne ich bereits seit über 17 Jahren. Er ist ein sehr eifriger Helfer, der sich stets mit großem Engagement für Tiere einsetzt. Ich darf ihn zu jeder Tages- und Nachtzeit anrufen, wenn ich Unterstützung brauche. Er fuhr sofort los und rief mich abends zu Hause an. Er hatte Frau K. tatsächlich unter der gleichen Adresse angetroffen. Als er ihr von Poldi berichtete, war sie völlig perplex. Ihr Kater war nämlich bereits vor sage und schreibe 16 Jahren verschwunden. Verständlicherweise konnte sie kaum glauben, dass er nach so langer Zeit wieder aufgetaucht sein sollte.

Ich rief Frau K. noch am gleichen Abend an und versicherte ihr, dass es sich bei dem Kater um ihren Poldi handele. Sie erzählte mir, warum er vor so vielen Jahren eines Tages verschwunden war. Sie hatte damals eine zweite Katze, die sich nicht mit Poldi verstand. Die beiden fauchten sich häufig an und kämpften heftig miteinander. Poldi war mehrmals geflüchtet und Frau K. hatte immer wieder nach ihm suchen müssen. Als er wieder einmal Reißaus vor seiner Artgenossin genommen hatte, blieb er endgültig verschollen. Frau K. meldete ihn nach einer Weile als vermisst, vergaß ihren getigerten Kater jedoch nie. Oft hatte sie sich gefragt, ob er noch am Leben war und wie es ihm wohl ergehen mochte.

Während wir miteinander telefonierten, wich ihre Skepsis langsam der Freude. Nach und nach konnte ich sie davon überzeugen, dass es sich bei dem Fundkater zweifelsfrei um ihren Poldi handelte. Frau K. wollte ihn in den nächsten Tagen im Tierheim abholen. Sie hatte vor, sich eine Woche Urlaub zu nehmen, denn sie hatte noch eine andere Katze und wollte sie behutsam mit Poldi bekanntmachen, damit es nicht wieder zu Streitigkeiten kam. Das wollte sie keiner der beiden Katzen zumuten.

Poldi war ein sehr ungewöhnlicher Fall. Sechzehn Jahre vermisst, das brach alle Rekorde. Deshalb gab unsere Pressereferentin die Geschichte an die Medien weiter. Damit kam eine Lawine ins Rollen. Die Nachricht von Poldi ging blitzschnell um die ganze Welt. Plötzlich liefen bei mir im Büro die Telefone heiß. Zahlreiche Reporter riefen an und wollten Näheres über Poldi erfahren. Sogar die BBC bat mich um ein Interview. Von England und Frankreich über die USA, Brasilien und Argentinien bis nach Japan und China, überall berichtete man über Poldi. Viele Menschen auf der ganzen Welt freuten sich, dass die Besitzerin des Katers gefunden worden war und er endlich wieder nach Hause konnte.

Doch dann nahm die Geschichte eine unerwartete Wendung. Auch bayerische Radiosender berichteten über Poldi, und Herr S., ein Katzenbesitzer aus Glonn, hörte die Geschichte im Autoradio. Die Beschreibung des Tiers traf genau auf seinen Tigerkater zu, der seit circa einer Woche verschwunden war. Auch dieser war schon sehr alt und mager – und ihm fehlten die Vorderzähne! Herr S. hatte sie ein paar Jahre zuvor entfernen lassen müssen, weil sie vereitert waren. Bei der Katze aus dem Radio musste es sich um seinen Burli handeln, der seit 16 Jahren bei ihm war. Da war er sich ganz sicher.

Damals war der Kater Herrn S. eines Tages zugelaufen. Er hatte ihn zum Tierarzt gebracht, um seine Identität anhand der Tätowierung feststellen zu lassen. Allerdings war es dem Tierarzt nicht gelungen, sie zu entziffern, da die Zahlen und Ziffern bereits ziemlich verblasst waren. Herr S. hatte also völlig korrekt gehandelt. Da man das Tier keinem Besitzer zuordnen konnte, behielt er den anhänglichen Kater.

All die Jahre hatte sich Burli nie weit vom Haus und dem großen Garten entfernt. Da er nun zum ersten Mal verschwunden war, hatte Herr S. bereits befürchtet, er habe sich zum Sterben zurückgezogen. Umso mehr freute er sich, als er zufällig die Meldung im Radio hörte. Sofort fuhr er so schnell wie möglich ins Tierheim.

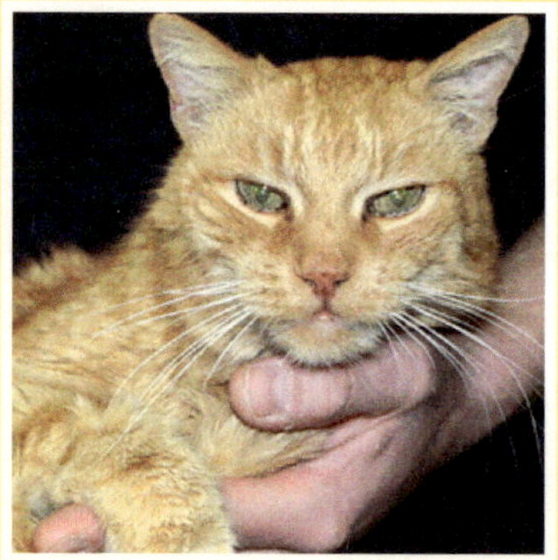

Kater Poldi (seit 16 Jahren Burli)

Bei uns verhielt Poldi sich sehr still. Er schlief fast die ganze Zeit, rührte sich kaum und fraß so gut wie nichts. Die Pfleger waren schon etwas verzweifelt. Sie hatten ihm vier verschiedene Futtersorten hingestellt, um ihn zum Fressen zu bewegen. Aber der Kater lag die meiste Zeit nur apathisch auf seinem Platz. Er tat uns allen sehr leid. Schließlich stellten wir ihn mit seinem Katzenkorb zu mir ins Büro. So hatte er zumindest den ganzen Tag lang Gesellschaft.

Im Tierheim angekommen, rannte Herr S. aufgeregt von der Zentrale zu meinem Büro. »Mein Burli, mein Burli!«, rief er. Als Poldi alias Burli ihn sah, miaute er zum ersten Mal und streckte seinem Herrchen die Pfote aus dem Korb entgegen. Herrn S. liefen vor Rührung die Tränen über die Wangen. Er hob den Kater aus dem Korb heraus und hielt ihn zärtlich auf dem Arm. Angesichts dieser Wiedersehensfreude war auch ich sehr gerührt. Die ganze Zeit über hatte Poldi in seinem Korb vor sich dahingedämmert, aber sobald er Herrn S. sah, war seine Lebensenergie mit einem Mal zurückgekehrt. Wahrscheinlich hatte er sein Herrchen schrecklich vermisst.

Herr S. wusste aus dem Radio, dass wir die erste Besitzerin von Poldi ausfindig gemacht hatten. Ängstlich fragte er mich deshalb: »Ich bekomme meinen Burli doch wieder, nicht wahr? Ich muss ihn doch nicht etwa abgeben?«

»Nein, es ist Ihr Burli, natürlich darf er bei Ihnen bleiben«, sagte ich. Der Kater hatte bei Herrn S. eine Heimat gefunden und es wäre nicht richtig gewesen, ihn nun nach 16 Jahren aus seiner gewohnten Umgebung herauszureißen.

Ich verabschiedete mich von Burli und seinem netten Herrchen. Allerdings musste ich nun Frau K. noch eröffnen, dass der zweite Besitzer von Poldi aufgetaucht war und der Kater bei ihm bleiben sollte. Ich rief sie erst am Abend von zu Hause aus an, weil ich Zeit und Ruhe für dieses Gespräch brauchte. Sie war nun einem Wechselbad der Gefühle ausgesetzt. Das war mir klar. Zuerst hatte sie sich an den Gedanken gewöhnen müssen, dass ihr Kater wiedergefunden worden war, hatte sich darüber gefreut und sich überlegt, wie sie ihn am besten auf schonende Weise mit ihrer anderen Katze bekannt machen würde. Und nun hieß es plötzlich: »Kommando zurück! Es gibt da ein zweites Herrchen, bei dem Poldi die letzten 16 Jahre glücklich war.«

Es wurde ein langes Gespräch, das – wie erwartet – auch etwas traurig war. Aber Frau K. verstand natürlich, dass es für den Kater am besten war, die letzte Zeit seines Lebens in seinem gewohnten Umfeld zu bleiben. Ich sagte ihr, sie könne den Kater bei Herrn S. jederzeit besuchen. Das hatte er freundlicherweise angeboten. Und dieses Angebot nahm sie gerne an.

Bereits ein paar Tage später rief Herr S. mich an und berichtete mir von der Begegnung. Der Kater hatte sich von Frau K. streicheln lassen und war dann wieder auf Erkundungstour in den Garten gegangen. Frau K. konnte die Geschichte auf diese Weise gut für sich abschließen und es war ihr ein großer Trost zu wissen, wie gut ihr Poldi es all die Jahre gehabt hatte.

Unklar bleibt bei dieser Geschichte, wie der Kater vor 16 Jahren von Unterhaching, seinem Zuhause bei Frau K., ins circa 30 Kilometer entfernte Glonn gelangt war. Insgesamt, das haben unsere Recherchen ergeben, war er drei bis vier Monate verschwunden, bevor er abgemagert im Garten von Herrn S. auftauchte. Und bei seinem zweiten Verschwinden nach 16 Jahren wurde er immerhin zehn Kilometer von seinem Zuhause entfernt in dem Holzlagerschuppen gefunden. Zu gerne möchte ich wissen, was die Tiere in der Zeit erlebt haben, in der sie vermisst waren. Aber meistens bleibt das ihr Geheimnis.

Happy End für Hoppel und Poppel

In den Sommerferien ist im Tierheim immer besonders viel los. Vielen Menschen sind ihre Haustiere lästig, wenn sie in den Urlaub fahren. Es kommt immer wieder vor, dass Katzen, Hunde und Kleintiere einfach ausgesetzt werden. Das ist nicht nur ethisch äußerst verwerflich, sondern gilt auch als Straftat, die mit einer Geldstrafe bis zu 25 000 Euro geahndet werden kann. Die Tiere können einem sehr leidtun. Sie verstehen die Welt nicht mehr, wenn sie auf einmal irgendwo ausgesetzt werden. Zum Glück gibt es aber auch viele aufmerksame Tierfreunde, die sich solcher Tiere annehmen und sie ins Tierheim bringen. Daher ist es in Urlaubszeiten und danach besonders voll.

Manche Leute geben ihr Tier vor einem Urlaub im Tierheim ab. Wenigstens setzen sie es nicht aus und machen sich dadurch auch nicht strafbar. Aber einige von ihnen äußern sich unseren Pflegekräften gegenüber eiskalt und sagen Dinge wie: »Wir fahren jetzt in den Urlaub und können unser Tier nicht mehr gebrauchen.« Völlig gefühllos trennen sie sich von dem Tier, weil es nicht in ihre Urlaubsplanung hineinpasst. Das Tierheim nimmt jedes Haustier auf. Aber die Besitzer geben es damit ein für alle Mal ab. Und sie kommen sofort auf eine »schwarze Liste«, damit sie von uns jedenfalls nie mehr ein Tier bekommen.

Eines Tages während der Sommerferien meldete die Tierfreundin Frau B. mir ein schwarz-weißes Kaninchen. Sie hatte es im Münchner Luitpoldpark gefunden. Es hatte Stehohren und sah gepflegt aus. Ich ging sofort meine Vermisstenmeldungen durch, fand aber keinen Eintrag, der auf das Fundtier passte. Frau B. wollte das Kaninchen vorübergehend behalten, bis ein Besitzer gefunden wurde. Sie hatte bereits einen Käfig, Futter und Zubehör besorgt. Kleintiere sind sehr stressanfällig und es ist viel schonender für sie, wenn sie an einem Pflegeplatz bleiben können. Jede Veränderung kann sie unnötig belasten. Das gilt natürlich auch für Katzen und Hunde. Aber Kleintiere können schon während eines Transports vor Aufregung sterben. Wenn irgend möglich versuche ich, ihnen jeden zusätzlichen Stress zu ersparen.

Noch am gleichen Tag brachte eine andere Finderin ein Kaninchen zu uns ins Tierheim. Sie hatte zufällig gesehen, wie es am Rande des Luitpoldparks aus einem Auto geworfen wurde. Der Autofahrer hatte sich danach sofort aus dem Staub gemacht. Zum Glück reagierte die Spaziergängerin gleich und nahm das arme Geschöpf an sich. Auch dieses Kaninchen war schwarzweiß und hatte Stehohren. Das konnte kein Zufall sein. Es musste zu dem ersten Tier gehören, das Frau B. mit nach Hause genommen hatte. Wahrscheinlich hatte die Spaziergängerin nur nicht gesehen, wie sein Gefährte ausgesetzt wurde.

Die beiden Dalmatiner-Kaninchen

Ich rief Frau B. an und berichtete ihr von dem zweiten Kaninchen. Außerdem sagte ich zu ihr, dass es sicherlich um seinen Artgenossen trauerte. Es handelte sich um ein Männchen und ein Weibchen, und Kaninchen leiden sehr unter dem Verlust eines Partners.

Frau B. überlegte nicht lange und sagte: »Wenn es Ihnen recht ist, dann komme ich morgen zu Ihnen ins Tierheim und hole das zweite Kaninchen ab. Ich würde gerne beide für immer bei mir aufnehmen. Dann können sie wieder zusammen sein. Sie dürfen gerne jederzeit zu mir kommen und eine Platzkontrolle machen. Aber ich kann Ihnen versichern, die beiden werden es sehr gut bei mir haben.«

»Natürlich bin ich damit einverstanden«, sagte ich erfreut. »Etwas Besseres kann den Kaninchen ja gar nicht passieren.«

»Prima. Dann sehen wir uns morgen. Ich freue mich sehr über diesen ungeplanten Familienzuwachs. Ich werde die beiden übrigens Hoppel und Poppel nennen.«

Ein paar Tage später rief Frau B. mich noch einmal an. Sie erzählte mir, wie gut es den Kaninchen ging. Sie seien beide extrem süß und verschmust und Frau B. hatte sich schon sehr an die Gesellschaft der beiden Langohren gewöhnt.

Hoppel und Poppel haben großes Glück gehabt. Beide Finderinnen haben sofort reagiert und sich der Tiere angenommen. Der Luitpoldpark liegt an sehr befahrenen Straßen. Die Tiere hätten leicht unter die Räder eines Autos kommen können. Oder einer der frei laufenden Hunde hätte sie anfallen können. Es ist besonders erfreulich, dass die beiden Tiere wohlbehalten wieder zusammengeführt werden konnten und ein liebevolles Zuhause gefunden haben.

Verschollen im Urlaub

Das Ehepaar K. aus München befand sich auf der Rückreise von seinem Sommerurlaub in Ungarn. Kurz vor der österreichischen Grenze machten sie noch einmal Rast auf einem neben der Landstraße gelegenen Parkplatz. Auch ihr Schäferhundmischling Kaja durfte noch einmal aus dem Auto raus. Die Hündin nahm neugierig all die interessanten Duftspuren auf, die andere Artgenossen auf dem Parkplatz hinterlassen hatten. Für sie war es eine willkommene Abwechslung zur eintönigen Autofahrt. Außerdem konnte sie sich endlich wieder einmal nach Herzenslust recken und strecken. Während Kaja die Umgebung nach spannenden Gerüchen absuchte, stärkten die K.s sich mit belegten Broten und Kaffee. Sie hatten noch eine weite Strecke vor sich und überlegten, wann sie wohl zu Hause ankommen würden. Nach einer Weile sagte Herr K.: »Wo ist eigentlich Kaja?« Suchend schaute er sich nach der Hündin um und rief: »Kaja, Kaja!« Auch seine Frau versuchte sie auf den angrenzenden Feldern zu entdecken. Aber die Hündin war nirgendwo zu sehen.

»Das gibt's doch gar nicht«, sagte Frau K. aufgeregt. »Sie kann doch nicht einfach verschwunden sein. Kaja läuft nie weit weg. Das ist gar nicht ihre Art.« Sie begannen, laut nach der Hündin zu rufen, aber Kaja kam nicht zurück. Das Ehepaar verstaute den Rest seiner Brotzeit im Auto und machte sich weiter auf die Suche. Stundenlang liefen sie über die staubigen Felder, hielten Ausschau nach Kaja und riefen nach ihr. Erst als der Tag sich dem Ende zuneigte und es dämmrig wurde, kehrten sie entmutigt zum Parkplatz zurück. Es war ihnen völlig rätselhaft, wie Kaja so plötzlich verschwinden konnte. Und sie verstanden erst recht nicht, warum die sonst so pflichtbewusste, folgsame Hündin nicht mehr zurückgekommen war. Sie waren ratlos, wussten nicht, was sie noch tun sollten. Am nächsten Tag mussten Herr und Frau K. wieder zur Arbeit. Daher kehrten sie schweren Herzens ohne ihren Liebling nach München zurück.

Gleich am nächsten Morgen rief Herr K. mich in der Vermisstenstelle an und bat um Rat.

Ich war etwas streng mit ihm: »Ich verstehe ja, dass Sie wieder zur Arbeit mussten, aber trotzdem wäre es richtiger gewesen, länger nach Ihrer Kaja zu suchen. Hunde kommen meistens nach einer Weile wieder an die Stelle zurück, an der sie verloren gegangen sind. Oft erst am nächsten Tag. Wenn ihre Besitzer nicht da sind, laufen sie enttäuscht wieder weg. Deshalb ist es in einem solchen Fall sehr wichtig, vor Ort zu bleiben. Wenn es sein muss, auch mehrere Tage lang. Viele Leute rennen – so wie Sie es getan haben – auf der Suche nach ihrem Tier verzweifelt überall herum. Das ist auch nicht verkehrt, vorausgesetzt jemand bleibt an der Stelle, wo das Tier verschwunden ist. Dann können die anderen nach ihm suchen. Aber man sollte unbedingt die Stellung halten und nicht wegfahren.«

»Es tut uns schrecklich leid«, sagte Herr K., »aber wir hatten keine andere Möglichkeit. Wir mussten wirklich dringend zurück zur Arbeit. Wir leiden selbst am meisten darunter, dass wir nicht länger nach Kaja suchen konnten. Es liegt uns sehr viel an ihr.«

»Wenn Sie es irgendwie einrichten können, sollten Sie sofort noch einmal zu dem Parkplatz in Ungarn fahren. Ihr Hund wartet dort bestimmt auf Sie«, sagte ich.

»Ich weiß nicht, wie wir das hinbekommen sollen«, seufzte Herr K. »Unser Urlaub ist aufgebraucht und ich weiß nicht, ob wir trotzdem noch einmal ein paar Tage freinehmen können. Eine weitere Reise ist außerdem mit zusätzlichen Kosten verbunden. Das wird finanziell sehr eng für uns. Ich werde das mit meiner Frau besprechen.« Damit verabschiedeten wir uns fürs Erste.

In den folgenden Tagen rief ich mehrmals bei den K.s an. Die Geschichte ließ mir keine Ruhe. Ich sah Kaja richtig vor mir, wie sie in Ungarn sehnsüchtig auf ihre Besitzer wartete. Eine solche Situation geht mir jedes Mal ans Herz, weil die Tiere mir einfach sehr leidtun. Sie verstehen die Welt nicht mehr und sind ihrem Schicksal hilflos ausgeliefert.

Das Ehepaar K. zögerte, was verständlich war. Sie konnten nicht glauben, dass ihr Hund tatsächlich in Ungarn auf sie wartete. Sie hatten so etwas ja noch nie erlebt. Sie fragten sich, ob sie die ganze Mühe und die Kosten einer neuen Reise auf sich nehmen sollten, obwohl sie nicht sicher sein konnten, dass sie ihren Hund wiederfinden würden.

Aber ich war mir meiner Sache sehr sicher und nervte sie regelrecht. Immer wieder sagte ich zu ihnen: »Wir müssen irgendetwas tun. Es darf nicht noch mehr Zeit vergehen. Sie sollten dorthin fahren. Glauben Sie es mir, Sie werden Ihren Hund in Ungarn finden. Er ist dort und wartet auf Sie.«

Schließlich brachte ich sie dazu, noch einmal an die ungarische Grenze zu fahren. Sie konnten sich doch ein paar Tage von ihrer Arbeit freinehmen und machten sich Kaja zuliebe auf den Weg. Sie hingen sehr an ihr und wollten nichts unversucht lassen, um sie zu finden.

Als die Eheleute wieder bei der Stelle ankamen, wo sie die Hündin verloren hatten, entdeckten sie Kaja sofort. Sie lag auf einem Feld ganz in der Nähe des Parkplatzes. Dieser befand sich auf freier Strecke. Es gab keine Häuser ringsum. Herr und Frau K. waren völlig perplex, ihren Hund tatsächlich dort vorzufinden. Sie hatten es zwar inständig gehofft, aber nicht wirklich damit gerechnet. Die Wiedersehensfreude war auf beiden Seiten riesengroß. Kaja war schwer verletzt und konnte nicht laufen. Ihr Fell war schmutzig und zerzaust. An ihrer Hüfte fehlte etwas Fell. Wahrscheinlich war sie von einem Auto angefahren worden und hatte sich mit letzter Kraft wieder zu diesem Platz zurückgeschleppt.

Vorsichtig trug das Ehepaar die winselnde Hündin zum Auto und fuhr gleich mit ihr zurück nach München in die Tierklinik. Dort diagnostizierte man bei Kaja einen Hüftbruch. Die Besitzer waren allerdings nicht in der Lage, die Kosten für die teure Operation zu bezahlen. Ein solcher Eingriff kostet circa 1500 bis 2000 Euro. Daher rief Frau K. mich an und schilderte mir entmutigt die Situation. Das Tierheim entschloss sich daraufhin, die Kosten zu übernehmen, und so konnte die Hündin operiert werden. Sie erholte sich rasch und konnte kurze Zeit später wieder normal laufen.

Beim Sommerfest des Tierheims besuchte Familie K. uns mit Kaja und bedankte sich nicht nur für die finanzielle Unterstützung, sondern auch dafür, dass ich sie so stur dazu gedrängt habe, erneut nach Ungarn zu fahren. Unsere Tiere sind schlauer, als wir manchmal denken. Wenn sie wie im Fall von Kaja verloren gehen, warten sie sehr lange auf ihre Besitzer und wünschen sich nichts sehnlicher, als wieder mit ihnen vereint zu sein.

Gerechtigkeit ist Ansichtssache

Es wird die Zeit kommen, da das Verbrechen am Tier genauso geahndet wird, wie das Verbrechen am Menschen.

Leonardo da Vinci

Familie M. meldete ihren schwarzen sechsjährigen Kater Rocco bei mir als vermisst. Ich sagte ihnen, was sie tun sollten. Sie suchten intensiv nach dem Tier, hängten Suchplakate auf und ergriffen auch sonst alle Maßnahmen, um ihren Kater wiederzufinden. Einen Tag später riefen Leute bei mir an, die ein paar Häuser von den M.s entfernt wohnten. Sie hatten eine Katze im Haus ihres Nachbarn elendig schreien hören. Da das Tier nicht damit aufhörte, hatten sie bereits Polizei und Tierrettung verständigt und informierten nun auch das Tierheim. Es war der 24. Dezember, der Heilige Abend.

Als die Polizei bei dem Haus klingelte, aus dem die Schreie gekommen waren, öffnete ihnen der Rentner Herr K. Im Keller seines Hauses bot sich den Polizisten ein Bild des Grauens. In einer Plastiktüte fanden sie eine pitschnasse, sterbende Katze. Es war Rocco, der Kater der Familie M. Herr K. war eindeutig überführt und machte gar nicht erst den Versuch, seine Tat zu leugnen. Er gestand den Beamten, was er dem Kater alles angetan hatte: Rocco war des Öfteren in seinem Garten unterwegs gewesen und hatte dort auch hin und wieder Jagd auf Vögel gemacht. Das hatte Herrn K. maßlos aufgebracht. Seine Wut auf den Kater war so groß, dass er schließlich eine Marderfalle aufstellte. Anstatt sich an die Besitzer zu wenden, um das Problem mit ihnen zu besprechen, wollte er den Kater beseitigen. Rocco ging tatsächlich in die Marderfalle und als sie zuschnappte, war er Herrn K.s Hass gnadenlos ausgeliefert.

Eine Woche lang quälte der Katzenhasser den armen Rocco mit einem Wasserschlauch. Über Stunden spritzte er das wehrlose Tier immer wieder mit eiskaltem Wasser ab. Das Einzige, was Rocco in seiner Not tun konnte, war zu schreien. Diese Schreie hatten die Leute aus der Nachbarschaft gehört, die schließlich Polizei und Tierrettung verständigt hatten. Doch leider kam Rocco jede Hilfe zu spät. Am 24. Dezember, ausgerechnet am Weihnachtstag, beschloss Herr K., den Kater zu ertränken. Er warf ihn in der Marderfalle in einen großen Bottich mit Wasser und spritzte ihn zusätzlich mit dem Wasserschlauch ab. Als die Polizei dann vor seiner Tür stand, warf er den fast toten Rocco in eine Plastiktüte. Er wollte seine grausame Tat auf diese Weise vertuschen. Die Polizisten holten die Leute von der Tierrettung, aber sie konnten nichts mehr für Rocco tun. Er starb kurz darauf.

Es ist für mich unerträglich, wenn Tiere gequält werden. Sie können sich nicht wehren, sind den Menschen hilflos ausgeliefert. Und Tierquälereien kommen immer noch viel zu häufig vor. Im Fall von Rocco erstattete der Tierschutzverein zusätzlich zur Polizei und den anderen Zeugen vor Ort Anzeige. Außerdem riefen wir unsere Mitglieder zu einer Demonstration in der Nähe des Hauses von Herrn K. auf und versuchten, möglichst viele weitere Tierfreunde mithilfe von Plakaten und Zeitungsartikeln zu mobilisieren.

Es ist wichtig, sich in der Öffentlichkeit für die Rechte von Tieren einzusetzen. Es gibt zwar ein Tierschutzgesetz, aber leider bietet es keinen umfassenden Schutz. Immer wieder kommt es zu Misshandlungen und Quälereien, und in den meisten Fällen kommen die Täter sehr glimpflich davon. Sie bekommen eine kleine Geldstrafe oder eine Strafe auf Bewährung. Daher setze ich mich mit aller Kraft dafür ein, dass das Strafmaß ausgeschöpft wird. Staatsanwälte und Richter müssen darauf aufmerksam gemacht werden, dass es eine Lobby für Tiere gibt und Tierquälerei keine Bagatelle ist.

Zu der Demonstration in der Nähe von Herrn K.s Haus kamen circa 260 Personen. Zudem waren der gesamte Vorstand des Tierheims sowie einige Pressevertreter anwesend. Die Rollläden vor den Fenstern des Hauses waren heruntergelassen worden und Herr K. ließ sich natürlich nicht blicken. Mit einem Megaphon verkündeten wir unseren Protest gegen seine Taten und forderten die Höchststrafe, das heißt drei Jahre Gefängnis.

Am Tag der Verhandlung demonstrierten wir erneut. Dieses Mal versammelten wir uns am Münchner Stiglmaierplatz in der Nähe des Gerichtsgebäudes und marschierten von dort aus bis zum Gericht. Zu dieser Demonstration waren ähnlich viele Leute gekommen wie zur ersten. Wieder forderten wir eine Strafe von drei Jahren ohne Bewährung für den Täter. Einige Demonstranten waren extrem aufgebracht. Und als Herr K. – von sechs Polizisten beschützt – das Gerichtsgebäude betrat, wurde er laut ausgebuht. Der Sitzungssaal war längst nicht groß genug, um all den Tierfreunden Platz zu bieten, aber so viele wie möglich nahmen an der Verhandlung teil.

Die Entscheidung des Gerichts war für uns alle sehr enttäuschend. Herr K. wurde lediglich zu einem Jahr Gefängnis auf Bewährung verurteilt. Auch die Familie M. war nicht zufrieden mit dem Urteil. Sie sagten, sie wollten keine Katze mehr haben, aus Angst, dass dem Tier etwas Ähnliches zustoßen könnte wie ihrem Rocco. Nach der Verhandlung wurde Herr K. durch einen Hinterausgang aus dem Gebäude hinausgeschleust. Wahrscheinlich befürchtete man, dass es sonst zu Ausschreitungen kommen würde. Wir hatten die Demonstranten zwar immer wieder dazu aufgerufen, Ruhe zu bewahren und Übergriffe zu vermeiden, aber die Stimmung war in der Tat sehr aufgeheizt.

Ich werde mich weiter dafür einsetzen, das öffentliche Bewusstsein für die Rechte und den Schutz von Tieren zu stärken, damit so etwas nicht mehr geschieht.

Der lange Weg nach Hause

Es war ein sonniger Septembertag in München. Der Himmel leuchtete blau über der bayerischen Hauptstadt und die Föhnwetterlage versprach eine ausgezeichnete Bergsicht. Sieglinde H. ging mit ihrem braunen Colly-Mischling Sam zu ihrem Auto, das sie in einer Nebenstraße geparkt hatte. Kaum hatte sie die Heckklappe des Wagens geöffnet, da sprang Sam auch schon freudig hinein. Er liebte es, mit seinem Frauchen Auto zu fahren. Meistens schlossen sich an die Fahrten wunderschöne Spaziergänge in der Natur an.

Frau H. strich Sam zärtlich mit der Hand über den Kopf und sagte: »Heute machen wir einen größeren Ausflug. Wir fahren nach Oberammergau zu meiner Freundin Julia. Sie wird für eine Weile auf dich aufpassen, während ich im Urlaub bin. Am liebsten würde ich dich mitnehmen, doch das geht dieses Mal ausnahmsweise nicht. Aber du wirst sehen, bei Julia wird es dir gut gefallen. Sie wohnt in einem schönen Haus mit einem großen Garten. Sie wird wunderbare lange Spaziergänge mit dir machen und freut sich schon sehr auf deine Gesellschaft.« Frau H. fuhr zum ersten Mal ohne ihren geliebten Hund in den Urlaub. Aber bei dieser

Reise konnte sie ihn unmöglich mitnehmen. Und ihre Freundin Julia kannte Sam und verstand sich großartig mit ihm. Er würde es sehr gut bei ihr haben, das wusste sie.

Sam sah sein Frauchen mit seinen großen braunen Augen an. Frau H. seufzte. »Ich werde dich auch sehr vermissen, mein Zottelchen. Aber ich werde schon bald wieder da sein. Und bei Julia bist du wirklich gut aufgehoben.« Sie gab Sam ein Leckerli, schloss die Heckklappe und fuhr los. Zum Glück gab es an diesem Vormittag keine Staus auf dem Mittleren Ring. So erreichten die beiden zügig die Autobahn Richtung Garmisch-Partenkirchen und ließen die Stadt rasch hinter sich.

Nach einer Viertelstunde tauchten in der Ferne bereits die Alpen auf. Die Luft war klar und die Konturen der Berge zeichneten sich unter dem blauen Himmel deutlich ab. »Wir fahren in eine wunderschöne Gegend!«, rief Frau H. Sam mit gespielter Fröhlichkeit nach hinten zu. »Schau nur, wie toll die Zugspitze aussieht. Du wirst die Berge in der nächsten Zeit direkt vor der Haustür haben und bestimmt macht Julia ein paar schöne Alpenwanderungen mit dir.« Sie sagte das in erster Linie, um ihr eigenes schlechtes Gewissen zu beruhigen. Obwohl sie wusste, dass ihr Hund bei der Freundin bestens betreut sein würde, fiel es ihr nicht leicht, sich für eine Weile von ihm zu trennen. Im Rückspiegel sah sie, dass Sam seinen Kopf auf die Lehne der Rückbank gelegt hatte und erwartungsvoll mit dem Schwanz wedelte. Er konnte nicht verstehen, was sein Frauchen ihm erzählte, aber er lauschte gerne dem vertrauten Klang ihrer Stimme. »Ach, es wird schon alles gut gehen«, murmelte Frau H., schob die Sorgen beiseite und genoss die Fahrt durch die schöne Landschaft.

Nach weiteren 45 Minuten kamen sie in Oberammergau an. Als sie in die Einfahrt zum Haus von Julia G. einbogen, kam sie ihnen schon entgegen und begrüßte herzlich Frau H. und Sam, der aufgeregt um die beiden Frauen herumsprang. »Na, mein Hübscher, wie geht es dir? Ich habe schon alles für dich vorbereitet. Du hast einen kuscheligen Schlafplatz und ich habe ein paar extra Leckerlis für dich besorgt. Wir werden uns hier eine schöne Zeit machen. Und im Handumdrehen wird dein Frauchen wieder da sein.« Zu ihrer Freundin gewandt sagte Frau G.: »Ich freue mich schon sehr auf die langen Spaziergänge mit Sam. Die Bewegung wird mir sehr guttun. Ich habe in den letzten Wochen viel zu viel Zeit am Schreibtisch verbracht.«

»Ich bin dir wirklich sehr dankbar, dass du dich um Sam kümmerst. Er ist bei dir in den allerbesten Händen, das weiß ich«, sagte Frau H.

»Du kannst ganz beruhigt in den Urlaub fahren. Genieß die Zeit und erhole dich gut. Das hast du dir verdient.«

Die beiden Freundinnen machten noch einen ausgiebigen Spaziergang mit Sam, tranken einen Kaffee und dann war es für Frau H. an der Zeit, sich zu verabschieden. Sie beugte sich zu Sam hinunter, kraulte ihn am Nacken und drückte ihm einen Kuss auf die Stirn. »Sei schön brav, mein Zottelchen. Bald bin ich wieder da.« Dann drehte sie sich schweren Herzens um, ging aus dem Wohnzimmer und schloss die Tür hinter sich. Als sie zum Abschied ihre Freundin Julia umarmte, sagte sie: »Mach‘s gut und vielen Dank noch mal. Du hast ja meine Telefonnummer. Wenn irgendetwas sein sollte, kannst du mich jederzeit anrufen.«

»Keine Sorge, wir werden schon gut miteinander klarkommen. Und ich verspreche dir, dass ich dich sofort anrufe, falls ich einmal nicht verstehen sollte, was Sam mir mit seinen großen braunen Hundeaugen mitteilen will«, sagte Julia augenzwinkernd.

»Schon gut, schon gut«, sagte Frau H. »Ich war eben noch nie länger als ein paar Stunden von Sam getrennt. Aber nun fahre ich und freue mich auf meinen Urlaub.« Damit drückte sie ihre Freundin noch einmal, setzte sich ins Auto und fuhr hupend los. Sie schluckte den Kloß im Hals hinunter, legte ihre Lieblings-CD ein und drehte die Musik laut auf. »Sam hat es wirklich gut bei Julia«, sagte sie sich, »und er wird mich nicht vergessen.«

Ein paar Tage, nachdem Frau H. in ihrem Urlaubsdomizil angekommen war, bekam sie einen Anruf von ihrer Freundin. Sie klang völlig aufgelöst. »Es ist etwas Schreckliches passiert«, stammelte sie. »Ich weiß gar nicht, wie ich es dir sagen soll.«

»Was ist denn los, Julia? Ist irgendetwas mit Sam?«, fragte Frau H. ängstlich.

»Es tut mir so furchtbar leid, Sieglinde, aber Sam ist verschwunden.«

»Was heißt ›verschwunden‹?«

»Er ist aus dem Garten ausgebüxt und nicht mehr zurückgekommen. Eigentlich lief alles bestens und ich hatte auch das Gefühl, dass Sam sich bei mir wohlfühlt.

Wir hatten ein paar wunderschöne Tage zusammen. Er hat mich brav beim Gassigehen begleitet, mit Appetit gefressen und nicht gewinselt. Aber als wir heute gemeinsam auf der Terrasse waren, ist er plötzlich quer über den Rasen geschossen und mit einem riesigen Satz über den Gartenzaun gesprungen. Du hast ja selbst gesehen, wie hoch der ist. Ich hätte nie gedacht, dass Sam es schafft hinüberzuspringen. Ich war total geschockt. Ich bin sofort zum Zaun gelaufen, um zu sehen, in welche Richtung er rennt, und konnte gerade noch sehen, wie er um die Ecke bog und hinter den Nachbarhäusern verschwand. Er ist gerannt, als ginge es um sein Leben. Es tut mir so schrecklich leid, Sieglinde.«

»Das ist ja furchtbar, Julia. Hast du schon nach ihm gesucht?«

»Ja, natürlich. Ich bin ihm sofort hinterhergelaufen und habe stundenlang die ganze Umgebung nach ihm abgesucht. Ich habe gehofft, dass er noch irgendwo in der Nähe ist, vielleicht sogar von alleine wieder zurückkommt. Ich verstehe auch überhaupt nicht, warum er über den Zaun gesprungen ist. Er hatte es doch so gut bei mir.«

Frau H. war entsetzt. Die Vorstellung, dass Sam irgendwo herumirrte, empfand sie als Albtraum. Sie wollte sofort zurück, um selbst nach ihm zu suchen. »Ich werde meinen Urlaub abbrechen«, sagte sie daher entschlossen. »Heute ist es für die Rückreise schon zu spät, aber morgen komme ich zurück.«

»Ja, wahrscheinlich ist es das Beste«, sagte ihre Freundin kleinlaut.

»Du kannst wirklich nichts dafür, Julia. Ich weiß,

wie hoch dein Gartenzaun ist. Du konntest nicht damit rechnen, dass Sam es schafft, diese Hürde zu überwinden. Also mach dir bitte keine Vorwürfe! Das hätte jedem passieren können.«

»Es ist lieb, dass du das sagst«, erwiderte Julia geknickt, »aber mir geht es sehr schlecht bei dem Gedanken, dass Sam irgendwo dort draußen frei herumläuft. Wenn wir nur wüssten, warum er weggelaufen ist. Er wird doch nicht etwa vor lauter Sehnsucht zu dir wollen?«

»Ich weiß es nicht. Ich werde mich jedenfalls gleich morgen mit der Vermisstenstelle des Tierheims in Verbindung setzen. Heute erreiche ich dort niemanden mehr. Wir können jetzt nur versuchen, alle Hebel in Bewegung zu setzen, um ihn möglichst bald wiederzufinden. Ich kenne meinen Sam. Er ist sehr schlau und wird sich schon nicht verlaufen. Vielleicht taucht er bald wieder bei dir auf«, sagte Frau H. mit fester Stimme. Sie wollte ihrer Freundin und auch sich selbst Mut zusprechen. Aber innerlich war sie verzweifelt. Sie hatte Angst, dass ihrem Hund etwas zustoßen würde.

Am nächsten Morgen rief Frau H. mich in der Vermisstenstelle an und erzählte mir, was passiert war. Leider war Sam weder gechipt noch tätowiert. Ich riet ihr, zahlreiche Suchplakate in Oberammergau und Umgebung aufzuhängen. Außerdem sollte sie versuchen, ein Foto von Sam zusammen mit einem Suchaufruf in die Zeitungen zu bringen. Am Nachmittag des gleichen Tages rief Frau H. mich noch einmal an. Sie war sehr euphorisch und voller Hoffnung, denn sowohl die TZ als auch die AZ wollten in der nächsten Ausgabe einen

Bericht über Sam zusammen mit der Telefonnummer der Vermisstenstelle veröffentlichen.

Am nächsten Tag waren die Artikel in den Zeitungen und bereits gegen Mittag riefen die ersten Leser bei mir an. Sie hatten den Collie-Mischling in Fürstenfeldbruck, circa 20 Kilometer von München entfernt gesehen. Die Luftlinie zwischen Oberammergau und Fürstenfeldbruck beträgt knapp 70 Kilometer. Es war unglaublich, wie weit Sam in den ersten beiden Tagen seit seinem Verschwinden gekommen war. Er musste fast ununterbrochen gelaufen sein. Und alles deutete darauf hin, dass er tatsächlich versuchte, den Weg nach Hause zu seinem Frauchen zu finden. Der schlaue Collie stellte mal wieder unter Beweis, über welch großartigen Orientierungssinn Hunde häufig verfügen. Leider war Sam sehr scheu und hatte sich weder durch gutes Zureden noch mit Futter anlocken lassen.

Ich informierte Frau H., wo ihr Hund gesehen worden war. Sie fuhr umgehend dorthin und suchte den ganzen Tag intensiv nach Sam. Sie hielt sich noch bis spät in der Nacht in dem Bereich auf. Sie wollte vor Ort sein, falls neue Nachrichten über den Hund bei mir eingingen. Aber das Telefon blieb still.

Tags darauf erhielt ich von Tierfreunden neue Informationen über den aktuellen Aufenthaltsort des Hundes. Ich leitete gleich alles an Frau H. weiter, die sich sofort ins Auto setzte und dorthin fuhr. Aber als sie am Sichtungsort ankam, war Sam schon wieder weitergelaufen.

So ging das nun die nächsten Tage und Wochen. Ich bat die Anrufer, die Sam gesehen hatten, großräumig neue Suchplakate aufzuhängen, damit er bei der Bevölkerung nicht in Vergessenheit geriet. Es entstand eine regelrechte Plakatkette, und so waren wir dem Collie-Mischling zumindest immer dicht auf den Fersen.

Die Suche zog sich mittlerweile bereits über fast neun Wochen hin. Sam musste extrem erschöpft sein. Offensichtlich versuchte er, nach Hause zu finden. Der größte Teil der Strecke lag längst hinter ihm, aber aus irgendeinem Grund brauchte er für den letzten Abschnitt sehr lange. Und jedes Mal, wenn Leute ihn anlocken wollten, suchte er schleunigst das Weite. Da Sam sich ständig von einem Ort zum nächsten bewegte, machte es in seinem Fall keinen Sinn, Futterplätze einzurichten.

Frau H. war schon völlig fertig mit den Nerven. So oft war sie umsonst losgefahren, wenn wieder einmal ein Tierfreund bei mir angerufen und einen neuen Sichtungsort von Sam durchgegeben hatte. Jedes Mal hatte sie die Hoffnung, rechtzeitig an Ort und Stelle zu sein, bevor ihr Hund wieder verschwand. Es war ein zermürbendes Katz-und-Maus-Spiel. Aber sie gab nicht auf. Sie wollte ihren Sam unbedingt wiederhaben und war bereit, einen großen Einsatz dafür zu bringen.

Dann endlich, nach 65 Tagen, rief Familie W. aus einem Stadtteil im Münchner Norden bei mir an. Sie hatten einen abgemagerten Hund mit blutigen Pfoten in ihrem Garten entdeckt. Er war offensichtlich am Rande der Erschöpfung und konnte nicht mehr laufen. Der Beschreibung nach war es Sam. Ich forderte die Leute auf, rasch das Gartentor zuzumachen und dem Hund einen Napf mit frischem Wasser hinzustellen. Außerdem sagte ich ihnen, dass ich sofort die Besitzerin informieren würde.

Als ich die Nummer von Frau H. wählte, war ich selbst ganz aufgeregt: »Stellen Sie sich vor«, sagte ich hastig, »wir haben mit größter Wahrscheinlichkeit Ihren Sam gefunden. Er ist in Sicherheit. Nette Leute haben ihn in ihrem Garten entdeckt und kümmern sich um ihn.«

Sie war völlig aus dem Häuschen und legte vor lauter Aufregung gleich auf, noch bevor ich ihr die Adresse mitteilen konnte. Ich rief gleich noch mal bei ihr an. Widerwillig ging sie ans Telefon, sie hatte wohl nur noch eins im Sinn: Sie wollte so schnell wie möglich zu ihrem Hund und sich keine Minute durch unwillkommene Anrufe davon abhalten lassen.

»Liebe Frau H., Sie brauchen noch die Adresse der Familie W., sonst wissen Sie doch gar nicht, wo Sie hinfahren müssen«, sagte ich geduldig. Und fügte noch hinzu: »Fahren Sie aber vorsichtig! Sam ist in Sicherheit und wird nicht mehr weglaufen.«

Als Frau H. bei der Familie W. ankam, war die Wiedersehensfreude riesengroß. Sam war zwar extrem erschöpft, doch er sprang trotz seiner wunden Pfoten sofort schwanzwedelnd auf und schleckte seinem Frauchen freudig über das Gesicht.

Frau H. umarmte ihn. »Mein guter, tapferer Sam, endlich, endlich habe ich dich wieder. Ich habe mir solche Sorgen um dich gemacht und dich so vermisst. Du hast einen so langen, mühsamen Weg hinter dir, mein Zottelchen. Ich bin so froh, dass du wieder da bist. Und ich werde nie mehr ohne dich in den Urlaub fahren. Das verspreche ich dir.«

Frau H. bedankte sich sehr herzlich bei den W.s, dass

sie sich um Sam gekümmert hatten, und fuhr als Erstes mit ihm zum Tierarzt. Er war nicht nur stark abgemagert, sondern auch ausgetrocknet und bekam daher Infusionen. Überdies wurden seine Pfoten verarztet. Dann durften Hund und Frauchen endlich nach Hause. Sam hat sich wieder gut von seinem Abenteuer erholt. Seine Geschichte zeigt, wie treu Tiere sein können. Vielen ist kein Weg zu weit und sie versuchen alles, um zu ihren Besitzern zurückzukehren.

Sturz aus luftiger Höhe

Das dreimonatige Kurzhaarkätzchen Esmeralda saß in circa 15 Metern Höhe auf dem Ast eines Baums und traute sich nicht vor und nicht zurück. Sein Besitzer, Herr L., hatte sie zusammen mit ihrem Geschwisterchen in den Garten hinausgelassen. Es sollte ein Ausflug unter Aufsicht werden. Die beiden Kätzchen hatten noch nicht viel Erfahrung außerhalb des Hauses gesammelt und sollten die Gelegenheit bekommen, ein paar neue Dinge kennenzulernen.

Neugierig erkundeten die beiden den sommerlichen Garten. Sie inspizierten die üppig bewachsenen Blumenbeete, scharrten in der weichen Erde und schnupperten an Büschen und Gräsern. Esmeralda war die Forschere der beiden und ihrer Schwester Samanta stets ein paar Schritte voraus. Nachdem sie den Bereich in unmittelbarer Nähe der Terrasse ausgiebig erforscht hatte, trabte sie auf die große Fichte zu, die am hinteren Ende des Gartens stand. Samanta hielt wie immer etwas Abstand.

Esmeralda blickte am dicken Stamm der Fichte nach oben und kletterte, ohne weiter zu überlegen, rasch hinauf. Immer höher stieg sie, ohne sich umzusehen.

Das war ihrer Schwester zu riskant. Sie zog es vor,

die Kletteraktion weiterhin von unten zu beobachten. Herr L. war inzwischen herbeigeeilt. Er rief nach Esmeralda, die sich bereits in einer Höhe von circa zehn Metern befand. Das hübsche weiße Kätzchen sah nun zum ersten Mal nach unten. Wahrscheinlich wurde ihm in diesem Moment erst bewusst, wie weit es sich vom Boden entfernt hatte. Ängstlich begann es zu miauen.

»Esmeralda, komm wieder herunter«, lockte sie Herr L. »Na komm, das schaffst du schon.« Aber Esmeralda war das Ganze gar nicht geheuer. Unsicher klammerte sie sich an einem Ast fest. Die Aussicht aus dieser luftigen Höhe ängstigte sie zunehmend. Kopfüber am Stamm wieder hinunterzuklettern wäre in der Tat ein riskantes Unterfangen gewesen. So versuchte Esmeralda nach einer Weile weiter oben ihr Glück und kletterte noch ein paar Meter hinauf. Natürlich brachte sie das kein bisschen weiter. Sie befand sich nun in circa 15 Metern Höhe und wusste weder ein noch aus. Sie blieb im Geäst sitzen und miaute immer erbärmlicher.

Herr L. hoffte, dass es ihr mit der Zeit gelingen würde, doch irgendwie hinunterzukommen, immerhin sind Katzen wahre Kletterkünstler. Allerdings sitzen Katzen immer mal wieder auf einem Baum fest und wagen sich nicht mehr hinunter. Das kommt gar nicht so selten vor. Das Hinaufkommen ist für sie nicht das Problem, aber manche bekommen beim Blick in die Tiefe offenbar Panik und wissen sich nicht mehr zu helfen. So erging es auch der kleinen Esmeralda. Sie hatte in ihrem Alter noch kaum Klettererfahrung gesammelt.

Als alles Rufen und Locken nichts half, entschloss sich Herr L., zunächst einmal abzuwarten. Vielleicht würden Hunger und Durst das Kätzchen doch noch dazu bewegen, den Abstieg zu wagen. Aber Esmeralda saß wie festgewachsen auf dem Baum. Der Tag und die darauffolgende Nacht vergingen. Am nächsten Morgen saß Esmeralda immer noch auf dem Baum. Nun verständigte Herr L. die Feuerwehr. Sie kam sehr schnell, hatte aber keine Möglichkeit, den Baum mit der ausfahrbaren Drehleiter zu erreichen, weil es nirgendwo eine Zufahrt zum Garten gab. Auch für eine Bergung mit einer an den Baum angelehnten Leiter saß Esmeralda zu weit oben. Es wäre für die Einsatzkräfte der Feuerwehr zu gefährlich gewesen. Daher zogen sie unverrichteter Dinge wieder ab. Herr L. zermarterte sich den Kopf, wie er dem Kätzchen helfen konnte, das ohne Unterlass miaute. Mittlerweile musste es großen Hunger und Durst haben.

Am dritten Tag rief Herr L. schließlich mich an, völlig verzweifelt. Ich überlegte, was man tun konnte. Mir fiel eine Spezialfirma für Baumfällarbeiten ein. Die Spezialisten seilen sich am Baum an und können auf diese Weise gesichert in große Höhen hinaufklettern. So jemanden benötigten wir jetzt. Die Firma sagte zu, allerdings hatten die Baumkletterer erst am Nachmittag Zeit.

Ich rief Herrn B., einen ehrenamtlichen Mitarbeiter des Tierheims an, der uns stets hilft, wenn Not am Mann ist. Ich bat ihn, sich vor Ort ein Bild von der Situation zu machen. Bei den L.s angekommen, rief Herr B. mich zurück. Durch das Telefon konnte ich das jämmerliche Schreien des kleinen Kätzchens hören. Es ging mir durch Mark und Bein. Alle waren sehr angespannt. Esmeralda saß nun schon so lange auf dem Baum. Niemand wusste, in welchem Zustand sie war und ob sie sich noch lange dort oben halten können würde.

Familie L. hatte rings um den Baum Netze gespannt sowie Matratzen und dicke Decken ausgelegt. Falls Esmeralda die Kraft ausging und sie herunterfiel, sollte das ihren Aufprall mindern. Ich sagte zu Herrn B., er solle Ruhe bewahren, um das Kätzchen nicht noch weiter hinaufzutreiben. Alle warteten nur noch auf die Baumkletterer. Sie waren Esmeraldas einzige Chance, unversehrt vom Baum herunterzukommen. Sie verspäteten sich und unsere Geduld wurde weiter auf die Probe gestellt. Am Abend trafen sie endlich ein. Die Rettungsaktion konnte beginnen.

Wenn die Feuerwehr oder Baumkletterer versuchen, eine Katze von einem Baum zu bergen, ist das stets ein heikles Unterfangen. Das Tier ist in der Regel panisch und erkennt in dieser Situation nicht unbedingt, dass man ihm helfen will. In vielen Fällen zieht es sich immer weiter auf immer dünnere Äste zurück und bringt sich in eine noch gefährlichere Lage. Aber falls es dem Tier nicht gelingt, auf eigene Faust vom Baum hinunterzuklettern, hat man meistens keine andere Wahl. Die Einsatzkräfte können nur versuchen, sich der Katze möglichst langsam und sensibel zu nähern, ohne sie zusätzlich zu ängstigen. Alles Weitere ist Glückssache.

Als sich einer unserer Baumkletterer Esmeralda vorsichtig näherte, reagierte sie ebenfalls mit Rückzug. Sie kletterte bis auf eine Höhe von circa 20 Metern hinauf. Hier oben waren die Äste bereits sehr dünn und sie balancierte wacklig darauf herum. Auch für den

Baumkletterer war es technisch schwierig, sich in dem dünnen Geäst zu bewegen, ohne sich selbst einem zu großen Risiko auszusetzen. Er schob sich im Zeitlupentempo bis auf etwa zwei Meter an Esmeralda heran und hielt inne. Er sah, wie unsicher ihr Halt war. Mit zitternden Beinen und weit aufgerissenen Augen stand sie auf den wippenden Zweigen. Vorsichtig drückte er sich noch etwas höher hinauf und streckte einen Arm nach dem Kätzchen aus. In diesem Moment verlor es das Gleichgewicht und stürzte in die Tiefe. Der Kletterer konnte nur noch »Vorsicht, Katze fällt!« nach unten rufen, um die anderen zu warnen.

Esmeralda fiel ungebremst nach unten und hatte großes Pech. Sie landete nicht in einem der aufgespannten Netze oder auf einer Matratze, sondern segelte ausgerechnet durch eine Lücke des Sicherheitssystems, die die Familie übersehen hatte. Hart schlug sie auf einem Plastikeimer auf, der unter dem Baum stand. Entsetzt eilten die L.s zu ihr hin. Sie lag apathisch da, aus ihrem Mund quoll Blut, aber sie lebte. Ihre Besitzer brachten sie sofort in die Tierklinik. Dort sagte man ihnen, sie müssten bis zum nächsten Tag warten. Erst dann könne man etwas über den Gesundheitszustand des Kätzchens sagen.

In dieser Nacht konnte ich nicht schlafen. Ich dachte an Esmeralda und hoffte das Beste für sie. Bereits während der Rettungsaktion hatte ich von meinem Büro im Tierheim aus intensiv mitgefiebert. Am Abend war Herr B. noch bei mir zu Hause gewesen. Er musste sich die Ereignisse von der Seele reden. Die fehlgeschlagene Rettungsaktion hatte auch ihn ziemlich mitgenommen.

Am nächsten Morgen bekam Familie L. dann die Diagnose: Esmeralda hatte wie durch ein Wunder keine Brüche oder inneren Verletzungen davongetragen, aber sie konnte weder ihre Hinterbeine bewegen noch ihre Blase kontrollieren. Sie litt unter einer vorübergehenden Lähmung. Nach ein paar Tagen durfte sie wieder nach Hause. Dort begann sie sofort zu fressen. Das war ein gutes Zeichen und alle hofften, dass sie sich wieder vollständig erholen würde. Und tatsächlich: Sie hatte riesiges Glück. Mittlerweile kann sie wieder normal laufen und hat sich zu einer bildhübschen Katze entwickelt.

Perla und ihre Welpen

Montags ist in der Vermisstenstelle immer die Hölle los, da das Büro am Wochenende nicht besetzt ist und in dieser Zeit Dutzende Anrufe und E-Mails eingehen, die ich rasch abarbeiten muss. Bevor ich mit der Büroarbeit beginne, gehe ich stets in die Quarantänestationen und fotografiere dort die neuen Fundtiere. Neuzugänge müssen für zwei Wochen in die Quarantäne, da wir nicht wissen, ob sie ansteckende Krankheiten haben. An einem Montag erregte eine kleine Dackel-Mischlingshündin meine Aufmerksamkeit. Sie hatte ein großes Gesäuge, musste also vor kurzem Welpen zur Welt gebracht haben. Auf dem Einlieferungsschein war vermerkt, dass die Hündin alleine beim Heizkraftwerk in Unterföhring, nordöstlich von München, gefunden worden war. Diesen Fall musste ich mir zuerst vornehmen, denn das Gesäuge der Hündin war schon heiß und konnte sich entzünden, wenn ihre Welpen nicht rasch gefunden wurden. Außerdem machte die Hündin einen sehr niedergeschlagenen Eindruck auf mich. Sie schien regelrecht um ihre Jungen zu trauern.

In meinem Büro forstete ich die Vermisstenmeldungen durch. Doch keine davon passte zu der Hundemama. Sie war zwar gechipt, aber die Chipnummer war leider nicht registriert. Das ist ungefähr so, als würde man einen Brief ohne Adresse verschicken. Eine Tätowierung war auch nicht vorhanden, aber an ihrem Halsband befand sich immerhin eine Steuermarke. Also rief ich das Hundesteueramt an und gab der Dame, die sich meldete, die Steuernummer der Hündin durch. Aus Gründen des Datenschutzes wollte sie mir die Besitzer allerdings nicht nennen. Doch ich blieb hartnäckig und erklärte ihr, warum ich deren Anschrift und Telefonnummer dringend benötigte. Die Zeit drängte und ich durfte keine Zeit verlieren. Schließlich hatte sie ein Einsehen und gab mir die Anschrift der Besitzer. Leider war keine Telefonnummer vorhanden. Ich bedankte mich sehr herzlich für die Unterstützung. Die wichtigste Information hatte ich jetzt.

Dann bat ich eine meiner Kolleginnen, im Internet einen Aufruf mit einem Foto der Hündin zu machen. Wer sie kannte oder über den Verbleib ihrer Welpen etwas wusste, wurde gebeten, sich umgehend bei uns zu melden. Wir hatten zwar die Adresse der Besitzer, aber es ist wichtig, alle Möglichkeiten parallel auszuschöpfen, um einen Fall möglichst schnell zu lösen. Ich konnte im Vorhinein nicht wissen, ob wir die Besitzer der Hündin antreffen würden und setzte daher auch auf die Mithilfe der Besucher der Tierheimseite im Internet.

Nun rief ich wieder unseren »Mann für alle Fälle«, den ehrenamtlichen Mitarbeiter Herrn B. an und bat ihn, zu den Besitzern zu fahren. Falls er sie antraf, sollte er sie darüber informieren, wo ihre Hündin war, und wenn er die Welpen fand, sollte er diese nach Möglichkeit ins Tierheim bringen, damit wir sie unter Aufsicht wieder mit ihrer Mutter zusammenführen konnten.

Kurze Zeit später rief Herr B. mich an. Er war gerade bei der Familie G. Ihre Hündin war bereits vor drei Tagen aus dem Garten verschwunden. An die Möglichkeit, im Tierheim nach ihr zu fragen, hatten sie leider nicht gedacht. Die Hündin hieß Perla und hatte drei Welpen, die erst drei Wochen alt waren. Die Besitzer hatten drei sehr anstrengende Tage hinter sich. In diesem Alter müssen die kleinen Hunde alle drei bis vier Stunden gefüttert werden, bei Tag und bei Nacht. Sie waren einverstanden mit unserem Vorschlag, die Welpen ins Tierheim zu bringen und dort unter Aufsicht mit ihrer Mutter zusammenzuführen. So konnten die Pfleger beobachten, ob alles reibungslos funktionierte und Perla ihre Kleinen wieder annahm. Wenn alles gut lief, sollten die Besitzer alle vier Hunde am nächsten Tag bei uns abholen.

Herr B. brachte die Welpen also auf direktem Weg zu uns. Sie waren entzückend. Alle drei waren tiefschwarz und hatten ihre Augen bereits geöffnet. Vorsichtig trugen zwei Pfleger sie in die Hundequarantäne, wo ihre Mama schon wartete. Als sie ihre Jungen sah, war sie ganz aufgeregt. Behutsam legten die Pfleger ihr die Welpen ins Körbchen und wir beobachteten alle gespannt, ob sie ihre Jungen noch annahm. Es gab überhaupt keine Probleme. Perla schleckte ihre Kleinen sofort liebevoll ab und man konnte ihr die Freude, sie wiederzuhaben, deutlich ansehen. Sie war eine sehr fürsorgliche Mutter und ließ ihren Nachwuchs nun keine Sekunde mehr aus den Augen.

Am nächsten Tag holte die Familie G. Perla und ihre Sprösslinge wie vereinbart bei uns ab. Wir waren sehr glücklich über den guten Ausgang der Geschichte. Die G.s bedankten sich bei uns. Das Loch im Gartenzaun, durch das Perla aus unerfindlichen Gründen ausgebüxt war, hatten sie bereits geschlossen, damit so etwas nicht noch einmal passieren konnte. Nach einigen Wochen meldeten sie sich erneut bei mir. Sie hatten für alle drei Welpen einen guten Platz gefunden. Auch darüber freute ich mich sehr, denn während ihres kurzen Aufenthalts im Tierheim hatte ich die Kleinen in mein Herz geschlossen.

Auf den Gleisen

Sissi saß aufs Äußerste angespannt in ihrem Katzenkorb. Sie versuchte angestrengt, ihr Gleichgewicht in dem Transportbehälter zu bewahren, der sich rhythmisch auf und ab bewegte und gleichzeitig hin und her schaukelte. Im Liegen hätte das sechs Monate alte Kätzchen eine stabile Position gehabt, aber es war aufgrund der Flut der zahlreichen Eindrücke viel zu aufgeregt, um sich hinzulegen. Unterschiedlichste Düfte stiegen ihm von draußen in die empfindliche Nase. Der Hauch eines edlen Damenparfüms verschmolz mit der groben Duftnote eines billigen Rasierwassers, wurde sogleich abgelöst vom durchdringenden Aroma gebratener Würstchen mit Senf und abgestandenem Bier, um schließlich von einer feinen Note frisch gebrühten heißen Kaffees überlagert zu werden. Und so ging es in einem fort. Jeden Moment veränderte sich das Duftpotpourri und erzeugte ein Feuerwerk von Sinnesreizen, die Sissi auf die Schnelle gar nicht verarbeiten konnte.

Doch nicht nur ihr Geruchssinn wurde extrem gefordert. Auch ihre Ohren nahmen eine Vielzahl von Geräuschen wahr. Verschiedenste Stimmen vermischten sich mit dem Klappern von Absätzen auf den Steinfliesen, schrillen

Handy-Klingeltönen und dem donnernden Grollen zahlreicher Rollkoffer, die über den Boden gezogen wurden.

Zusätzlich zu dieser Geräuschkulisse gab es laute, blechern klingende Lautsprecheransagen. Das Schaukeln des Korbs, die extremen, ständig wechselnden Gerüche und vor allem der Lärm – das alles bedeutete großen Stress für das Kätzchen, das bisher nur sein ruhiges gemütliches Zuhause kannte. Es fühlte sich ganz und gar nicht wohl.

In diesem Moment hörte das Schaukeln auf und der Transportbehälter wurde sanft abgestellt. Vor dem Metallgitter des Korbs erschien das vertraute Gesicht von Frau R., der Besitzerin von Sissi. Freundlich lächelte sie zu dem Kätzchen hinein und sagte mit sanfter Stimme: »Das Schlimmste hast du überstanden, meine Süße. Das alles hier ist sicher ziemlich aufregend für dich, nicht wahr? Aber jetzt sind wir schon am Gleis und gleich kommt unser Zug, dann haben wir Ruhe. Wir fahren für eine Weile zu ganz lieben Freunden von mir. Du wirst sehen, wenn wir erst einmal dort sind, hast du die Strapazen der Reise schnell vergessen.«

Sissi entspannte sich etwas. Es tat ihr gut, ihr Frauchen zu sehen und die beruhigende Stimme zu hören. Außerdem war sie froh, dass das unangenehme Schaukeln aufgehört hatte. Doch gerade, als sie sich in ihrem Körbchen hinlegen wollte, ertönte wieder eine schrille Lautsprecheransage, dieses Mal direkt am Gleis: »Meine Damen und Herren, auf Gleis 25 fährt ein, der Regional-Express 4064 nach Passau, Abfahrt 9.24 Uhr. Bitte Vorsicht bei der Einfahrt!« Gleichzeitig näherte sich der angekündigte Zug und fuhr kurz darauf mit unerträglich laut quietschenden Bremsen ein.

Nun überschlugen sich die Ereignisse: Im dichten Gedränge der wartenden Fahrgäste stieß ein Reisender, ohne es selbst zu bemerken, mit seinem Koffer heftig gegen den Katzenkorb. Dieser kippte um und der Verschluss des Metallgitters löste sich, sodass es aufsprang. Frau R. hielt sich wegen der quietschenden Bremsen die Ohren zu und konzentrierte sich auf den einfahrenden Zug. Sie versuchte, die Wagennummern zu erkennen, da sie einen Platz reserviert hatte. So bekam sie nicht mit, was gerade direkt neben ihr mit dem Korb passierte.

Sissi war durch das Tohuwabohu um sie herum in blanker Panik. Durch den starken Schlag gegen ihren Korb wurde sie nach vorne geschleudert und purzelte kopfüber durch die Öffnung hinaus. Sie blickte nicht nach links oder rechts, sondern schoss, so schnell sie konnte, im Zickzack durch die Beine der Passanten hindurch auf das gegenüberliegende leere Gleis zu und sprang mit einem großen Satz von der Bahnsteigkante hinunter.

Mittlerweile war der Zug zum Stehen gekommen und die Reisenden am Bahnsteig drängten sich an den Türen. »So, Sissi«, sagte Frau R., während sie sich dem Katzenkorb zuwandte, »jetzt können wir einsteigen.« Als sie den umgestürzten, leeren Korb sah, stieß sie vor Schreck einen Schrei aus. Ein paar Fahrgäste in ihrer Nähe drehten sich nach ihr um. »Was ist denn hier passiert?«, stammelte Frau R. »Sissi, Sissi, wo bist du?« Sie blickte sich suchend nach dem Kätzchen um. Doch es war nirgendwo auf dem Bahnsteig zu sehen. Hilfesuchend sah sie die umstehenden Reisenden an. »Meine Katze ist weg. Gerade eben war sie noch in ihrem Körbchen. Ich weiß nicht, wie das passieren konnte. Der Korb ist umgefallen, dabei muss die Tür aufgegangen sein. Haben Sie vielleicht gesehen, wo meine Sissi hingelaufen ist?«, fragte sie. Doch die Fahrgäste schüttelten den Kopf. Keiner hatte etwas bemerkt.

Hektisch begann Frau R. am Zug entlangzulaufen. Immer wieder rief sie dabei Sissis Namen. Die meisten Leute waren mittlerweile eingestiegen. So konnte sie den gesamten Bahnsteig überblicken. Doch ihre Katze war nirgendwo zu sehen. Frau R. blieb mit dem Korb in der Hand verzweifelt stehen. Da sprach ein älterer Herr sie an: »Suchen Sie vielleicht eine Katze?«

»Ja, das tue ich. Die Tür des Korbs ist aufgegangen und da ist sie entwischt. Haben Sie sie etwa gesehen?«

»Als der Zug einfuhr, habe ich gesehen, wie eine Katze auf das gegenüberliegende Gleis gesprungen ist«, antwortete der Mann.

»Wirklich? Könnten Sie mir bitte zeigen, wo das genau war?«, bat ihn Frau R.

»Aber sicher. Sehen Sie den Papierkorb dort hinten? Genau da ist sie hinuntergesprungen. Ich würde Ihnen gerne suchen helfen, aber ich muss dringend los, sonst verpasse ich meinen Anschlusszug. Ich wünsche Ihnen viel Glück.«

»Vielen Dank«, sagte Frau R. und lief zu der Stelle, auf die der Mann gedeutet hatte. »Bitte, bitte, lass meine Sissi da sein«, flüsterte sie. Bei dem Papierkorb angekommen, sah sie zum Gleis hinunter. Aber dort waren nur ein paar leere Getränkedosen und anderer Unrat. Von Sissi keine Spur.

Die Reise war für diesen Moment gestrichen. Für Frau R. zählte jetzt nur eins. Sie wollte ihre Sissi wiederfinden. Sie ging den gesamten Bahnsteig noch einmal ab und starrte dabei konzentriert zum Gleis hinunter. Nichts. Dann suchte sie stundenlang den gesamten Bahnhofsbereich ab. Das Kätzchen konnte irgendwo sein. Vielleicht war es in seiner Panik weit weggelaufen. Schließlich rief mich Frau R. aufgelöst in der Vermisstenstelle an und fragte, was sie tun sollte.

Ich riet ihr, die Bahnhofspolizei zu benachrichtigen und auch die Leute zu informieren, die an den Ständen und in den Geschäften im Bahnhof arbeiteten. Außerdem sollte sie etwas Futter neben das Gleis werfen. Die meisten Tiere kommen an den Ort zurück, an dem sie verloren gehen. Und falls Sissi zurückkam und etwas zum Fressen vorfand, würde sie vielleicht in dem Bereich bleiben.

Frau R. tat alles, was wir besprochen hatten. Am nächsten Tag ging sie wieder zum Gleis und spähte vorsichtig zu der Futterstelle hinunter. Das Futter war verschwunden. Unauffällig ließ sie eine weitere Portion an der gleichen Stelle neben das Gleis fallen. Sie rief leise nach Sissi. Aber das Kätzchen war nach wie vor nirgendwo zu sehen.

So ging es nun zwei Wochen lang. Täglich kam Frau R. zum Gleis, kontrollierte, ob das Futter fort war, und legte eine neue Portion aus. Und immer suchte sie die gesamte Gleisumgebung nach Sissi ab. Jeden Tag rief sie mich an und berichtete mir von ihrer nach wie vor erfolglosen und nervenaufreibenden Suche. Ich machte ihr immer wieder Mut und drängte sie, nicht aufzugeben. Da das Futter stets verschwunden war, kam Sissi offenbar jeden Tag an diesen Ort. Früher oder später würde Frau R. sie sehen, davon war ich felsenfest überzeugt.

Schließlich war es soweit. Frau R. ging abends wieder zum Gleis. Um diese Uhrzeit war nicht viel los. Leise rief sie Sissis Namen, und als sich nichts tat, setzte sie sich auf die Bank neben dem Papierkorb und wartete. Stundenlang saß sie so da. Erneut stieg das Gefühl der Verzweiflung in ihr hoch. Sie hatte schon so viel und so lange gesucht. Dann sah sie im Halbdunkel plötzlich eine Silhouette auf den Gleisen. Es war Sissi. Frau R. sprang auf, beugte sich an der Bahnsteigkante nach vorne und rief nach dem Kätzchen. Sissi schaute nach oben, stutzte und wollte hinauf zu ihrem Frauchen, aber der Bahnsteig war zu hoch für sie. Frau R. vergewisserte sich rasch, dass kein Zug kam und niemand sie beobachtete, dann sprang sie zum Gleis hinunter, schnappte sich Sissi und kletterte schnell wieder nach oben. Zum Glück hatte niemand ihre Aktion bemerkt. Sie wusste sehr wohl, dass es verboten ist, die Gleise zu betreten, aber in diesem Moment war ihr Sissi eindeutig wichtiger als jede Vorschrift.

Das Kätzchen schmiegte sich an sie. »Ach, meine Süße, ich bin ja so froh, dich wiederzuhaben«, seufzte Frau R. glücklich. »Du bist so eine kluge Katze. Du hast dich von den gefährlichen Gleisen ferngehalten. Ich hatte solche Angst um dich – dass du überfahren werden könntest. Gott sei Dank ist dir nichts passiert. Und zum

Glück bist du immer wieder zur Futterstelle zurückgekommen.« Sie gab Sissi einen dicken Kuss auf die Stirn und setzte sie vorsichtig in ihren weich gepolsterten Korb. Dann verschloss sie ihn besonders gewissenhaft und trug die Katze behutsam nach Hause. Sie versorgte Sissi und schmuste ausgiebig mit ihr. Dann rief sie mich an und erzählte von der abenteuerlichen Rettungsaktion. Sie bedankte sich bei mir dafür, dass ich sie immer wieder gedrängt hatte, weiterzusuchen.

Frau R. gehört zu den Menschen, die einen bewundernswerten Einsatz für ihre Tiere bringen – auch wenn es ihnen zwischendurch sicher nicht immer leicht fällt. Wenn ein Liebling dann nach langer Suche wiedergefunden wird, ist das die schönste Belohnung. Und auch für mich ist es immer wieder eine große Motivation und Bestätigung dafür, dass es sich lohnt, nicht aufzugeben.

Hühnerjagd

Die Vermisstenstelle ist grundsätzlich für jedes Fundtier zuständig. Deshalb werden wir auch regelmäßig zu ungewöhnlichen Einsätzen gerufen. Eines Tages rief mich ein Mitarbeiter einer Burger-King-Filiale unweit des Tierheims an. Auf dem Parkplatz vor der Filiale liefen mehrere Hühner zwischen den Autos herum. Der Anrufer konnte mir nicht sagen, woher die Tiere stammten. Sie waren auf einmal aufgetaucht und sorgten nun für Chaos. Ich sagte dem Mann, ich würde sofort jemanden vorbeischicken. Normalerweise fahren unsere Inspektoren zu solchen Einsätzen, da aber gerade keiner von ihnen im Haus war, holte ich mir rasch eine Genehmigung von der Tierheimleitung, einen der Wildtierpfleger loszuschicken. Er machte sich gleich zusammen mit einer Assistentin auf den Weg.

Schon bevor sie die Burger-King-Filiale erreicht hatten, sahen sie die Hühner auf dem Parkplatz. Aufgeschreckt liefen sie zwischen den parkenden sowie den ankommenden und abfahrenden Autos hin und her. Sie vollführten einen lebensgefährlichen Hindernislauf. In jedem Moment konnte eins von ihnen von einem Autofahrer übersehen werden. Zwar bemerkten die Besucher der Filiale die nervös gackernden Tiere, aber die Situation war extrem unübersichtlich. Es waren vier Hennen und ein Hahn, die dort wie wild herumsprangen und -flatterten. Sie bewegten sich ständig. Wenn sie sich zu nahe hinter einem Auto befanden, waren sie im Rückspiegel nicht zu sehen.

Einige Leute blieben auf dem Parkplatz stehen und beobachteten belustigt das hektische Treiben, während sie ihren Burger verzehrten. Manche hatten es aber eilig und konnten nicht warten, bis die Situation sich geklärt hatte. Eine ältere Dame versuchte, ihrem Mann beim Ausparken zu helfen. Sie ging um das Auto herum, um zu prüfen, ob die Bahn frei war, und winkte ihrem Mann dann energisch zu. In diesem Moment kam der Gockel auf der Flucht vor einem ankommenden Auto genau in ihre Richtung gerannt. Sie riss die Hände nach oben und rief: »Vorsicht, Eberhard, stopp! Der Hahn kommt.« Dann wendete sie sich entschlossen dem Gockel zu, breitete die Arme aus und bewegte sie auf und ab. »Husch, husch, husch«, zischelte sie und scheuchte das Tier in die andere Richtung. Beim zweiten Anlauf gelang es ihrem Mann auszuparken und das Auto verließ den Parkplatz im Schritttempo.

Mein Kollege holte sich den mitgebrachten Kescher aus dem Auto und nahm mithilfe seiner Assistentin die Verfolgung der Hühner auf. Sie versuchten jeweils, sich einem Huhn langsam von zwei Seiten zu nähern. Wenn der Wildtierpfleger sich nahe genug herangepirscht hatte, stülpte er den Kescher über das Tier und setzte es dann vorsichtig in eine Transportkiste. So gelang es ihm, ein Huhn nach dem anderen einzufangen. Als sich

Glückliche Hühner

das Netz des Keschers über das letzte Huhn legte, applaudierten einige Passanten, die die Aktion beobachtet hatten. Nun kehrte auf dem Parkplatz wieder der Normalzustand ein und die kleine Zuschauermenge löste sich auf.

Die beiden Pfleger brachten die Hühner ins Tierheim, versorgten sie mit Futter und Wasser und ließen sie erst einmal zur Ruhe kommen. Sie berichteten mir ausführlich, was sich auf dem Parkplatz abgespielt hatte. Leider gab es keinerlei Anhaltspunkte dafür, woher die Hühner stammen könnten. Ich hakte noch einmal bei Burger King nach, ob vielleicht jemand wusste, wer in der Umgebung Hühner hatte. Schließlich mussten die Tiere irgendwo ausgebüxt sein. Vielleicht waren sie aber auch bei einem Transport entwischt. Doch bei Burger King konnte mir keiner etwas über die Herkunft des Federviehs sagen. So warteten wir ab, ob sich ein Besitzer meldete. Das war nicht der Fall.

Nach ein paar Wochen brachten wir die vier Hennen und den Hahn auf unserem Gnadenhof bei Erding unter. Dort haben sie viel Platz. Nach einer Weile erkundigte ich mich, ob sie sich eingelebt hatten. Sie waren gesund und munter und freuten sich ihres Lebens. Wir werden wohl nie erfahren, woher die Tiere stammen. Vielleicht haben sie aber ihr persönliches großes Los gezogen, als sie im Tierheim landeten. Wer weiß, welchem Schicksal sie auf diese Weise entkommen sind.

Das zweite Leben

Jemand, der Tiere quält, wird auch hart im Umgang mit Menschen. Wir können das Herz eines Menschen danach beurteilen, wie er Tiere behandelt.

Immanuel Kant

An einem schönen Sommerabend ging Silvia D. mit ihrem Mann und ihrem Hund in der Fröttmaninger Heide spazieren. Sie waren bereits auf dem Rückweg, als der Hund plötzlich anschlug und unruhig an der Leine zog. Das Ehepaar blickte sich suchend um und lauschte, ob irgendetwas Ungewöhnliches zu vernehmen war. In der Ferne hörten sie ein leises Wimmern. »Da stimmt etwas nicht«, sagte Frau D. »Ich glaube, das ist ein winselnder Hund. Vielleicht steckt er in einem Kaninchenbau fest. Wir sollten nachsehen, was da los ist.«

»Ja«, sagte Herr D., »vielleicht braucht der Hund tatsächlich Hilfe.«

Das Gewimmer kam aus einem kleinen Kiefernwäldchen. Sie hielten darauf zu und begannen, das Gelände abzusuchen. Kurz darauf bellte ihr Hund wieder und schnüffelte aufgeregt am Boden herum. An dieser Stelle befand sich eine mit Ästen bedeckte Plane und das Winseln war nun sehr deutlich zu hören. »Das kann doch wohl nicht wahr sein«, sagte Herr D. entsetzt. »Sieh nur, der Hund ist hier drunter.« Vorsichtig entfernte das Ehepaar die Äste von der Plane und schlug diese dann zurück. Darunter kam ein dünner Kleidersack zum Vorschein. Darin steckte – unglaublich, aber wahr – ein kleiner graumelierter Shih-Tzu-Mischling. Über seinen Kopf war eine Plastiktüte gezogen, die am Hals mit einer Schnur zugebunden war. Das Ehepaar D. war fassungslos. Sie befreiten den kleinen Hund aus seinem grausamen Gefängnis und Frau D. nahm ihn auf ihren Arm. Er schmiegte sich an sie. Er war froh, endlich wieder richtig Luft zu bekommen.

»Wenn wir den Kleinen nicht gefunden hätten, wäre er qualvoll erstickt«, sagte Frau D. betroffen. »Es ist nicht zu fassen. Wer tut denn so etwas?«

»Es ist wirklich ungeheuerlich«, stimmte ihr Mann zu. »Derjenige, der das getan hat, wollte den kleinen Kerl jedenfalls umbringen. So viel ist sicher.«

Die D.s alarmierten sofort per Handy die Polizei. Ihnen war klar, dass jemand hier eine Straftat begangen hatte, die angezeigt werden musste. Die Polizei traf kurze Zeit später am Tatort ein, nahm den Fall auf und fotografierte den Fundort. Danach brachten die Beamten den Hund ins Tierheim. Da es schon geschlossen hatte, kam er zunächst in die Nachtaufnahme.

Als ich am nächsten Morgen die Einlieferungsscheine durchging und mir die Neuzugänge ansah, war ich schockiert darüber, was dem Shih-Tzu-Mischling widerfahren war. Ich habe bei meiner Arbeit schon sehr viel erlebt und weiß, welche Grausamkeiten Menschen ihren Tieren antun können, aber ich bin jedes Mal aufs Neue entsetzt, wenn ich einen solchen Fall habe.

Umgehend setzte ich mich mit Frau D. sowie dem Polizisten in Verbindung, der den Fall bearbeitete, und ließ mir noch einmal genau schildern, was vorgefallen war. Dann informierte ich meine Kollegen von der Pressestelle des Tierheims und bat sie, die Geschichte an die Zeitungen weiterzugeben und einen Aufruf zu starten. Darin baten wir die Zeitungsleser um Mithilfe bei der Aufklärung dieses Falls.

Auf die Zeitungsberichte hin riefen sehr viele Leser an, die Pinocchio kannten und wussten, wo er hingehörte. Die Besitzer waren gerade im Urlaub und hatten sich des Hundes offenbar vor ihrer Abreise noch skrupellos »entledigen« wollen. Der Tierschutzverein sowie die Polizei erstatteten nun Anzeige gegen die Besitzer.

Ein paar Tage später kamen zwei erwachsene Kinder der Besitzer zu mir ins Tierheim und wollten den Hund abholen. Offensichtlich wollten sie ihre Eltern schützen, die nach wie vor im Urlaub waren. Wahrscheinlich dachten sie, wenn sie den Hund mitnähmen, sei der Fall damit erledigt. Ich erklärte ihnen, dass der Hund für sie gesperrt sei und die Behörden den Fall nun weiterverfolgten. Sie verstrickten sich in Widersprüche und konnten mir natürlich keine plausible Erklärung für das Verhalten ihrer Eltern liefern. Als sie merkten, dass wir ihnen den Hund definitiv nicht aushändigen würden, zogen sie missmutig wieder von dannen. Noch

wechselte mit Orhans Frau ein paar Worte.

Orhan S. (74) liegt im tiefen Koma auf der Intensivstation. Am Mittwoch vor einer Woche war der Rentner auf der Hansastraße (Foto li.) von einem Radler umgefahren worden Fotos: M.W./fkn/Mell

Frau rettet Hund vorm Ersticken

Da, ein Winseln! Als Silvia D. (49) und ihr Mann am Montag in der Fröttmaninger Heide mit ihrem Hund spazierengehen, hören sie plötzlich seltsame Geräusche – und folgen dem Gewimmer. In einer Tasche finden sie einen kleinen Shih-Tzu-Mischling mit einer verknoteten Tüte über dem Kopf!

„Ich kann das einfach nicht glauben. Wer tut denn so etwas?", sagt Silvia D. dem *Münchner Merkur*. Offenbar wollte ein Tierquäler den kleinen Hund umbringen. Er hatte die Sporttasche mit dem gepeinigten Hund in dem kleinen Kiefernwald versteckt und sogar mit Ästen und einer Plane getarnt!

In diesem Wald fand Silvia D. das Tier F.: Kurzendörfer, fkn

„Man hätte den Hund auf gar keinen Fall gesehen, wenn er keine Geräusche gemacht hätte", sagt Silvia D. Das Ehepaar befreit den Hund sofort und alarmiert den Tierschutz und die Polizei. Rettung in letzter Sekunde! „Der Kleine war ganz lieb und brav, sobald wir ihn aufgehoben hatten", berichtet die 49-Jährige. „Nur Fressen wollte er nichts."

Mittlerweile erholt sich der acht bis zehn Jahre alte Hund im Tierheim in Riem. Er hat zum Glück keine Verletzungen davongetragen. Der Tierschutzverein bittet um Hinweise auf den Besitzer des Hundes. (Tel. 01 57/73 08 90 68).

Ann-Kathrin Gerke

Der gequälte Shih-Tzu-Mischling

Pinocchio, tz vom 8. Juni 2012

am gleichen Tag schickte ich einen Brief an die Besitzer und forderte sie darin zu einer schriftlichen Freigabe ihres Hundes Pinocchio auf. So war er offiziell vermittelbar und wir konnten ein neues gutes Zuhause für ihn suchen. Es dauerte nicht lange, bis ich die schriftliche Freigabe bekam. Ich nehme an, die Besitzer dachten, damit seien sie endgültig aus dem Schneider. Weit gefehlt! Es dauert zwar immer sehr lange, bis es nach einer Anzeige zu einem eventuellen Verfahren kommt, aber bei solch drastischen Fällen setzen wir uns als Tierschutzverein sehr dafür ein, dass die Taten nicht in Vergessenheit geraten oder ungeahndet bleiben. Im Fall von Pinocchio organisierten wir eine Mahnwache in der Nähe des Hauses seiner ehemaligen Besitzer. Wir demonstrierten nicht direkt vor dem Haus, da wir – wie bei solchen Veranstaltungen üblich – vom Kreisverwaltungsreferat die Auflage bekamen, 200 Meter Abstand zu halten. Viele Tierfreunde kamen und unterstützten uns bei dieser Aktion. Sie alle wollten auf diesen extremen Fall von Tierquälerei aufmerksam machen.

Pinocchio selbst hatte Glück im Unglück. Er war körperlich unversehrt geblieben und konnte aufgrund der großen Aufmerksamkeit, die ihm durch die Zeitungsberichte zuteil wurde, rasch an einen netten Herrn vermittelt werden, einen Frührentner mit einem Garten, der viel Zeit für den kleinen Shih-Tzu hat und ihn bestens umsorgt und verwöhnt. Nachdem er dem Tod noch einmal von der Schippe gesprungen ist, genießt Pinocchio dort nun sein »zweites Leben«.

Drei Schwarzfahrer

Der Landwirt Erwin H. fuhr mit seinem voll beladenen Heuwagen von der gemähten Wiese los. Er hatte den Traktor samt Anhänger eine Weile dort stehen gelassen, während er ein paar Heureste, die liegen geblieben waren, per Hand zusammenrechte. Das Wetter war an diesem Tag stabil, daher bestand keine besondere Eile, das Heu ins Trockene zu bringen. Als er mit dem schaukelnden Hänger nun von der Wiese auf eine kleine Landstraße fuhr, sah er im Seitenspiegel des Traktors, wie eine Katze von seinem Heuwagen heruntersprang. Er dachte sich nichts weiter dabei. Katzen waren schließlich sehr oft auf den Feldern unterwegs, um Mäuse zu fangen. Als er auf seinem Hof angekommen war, stieg er vom Traktor und ging nach hinten, um abzuladen. Da entdeckte er drei fiepende Kätzchen oben auf dem weichen Heu, die sich ängstlich aneinanderdrückten. Er holte eine kleine Pappschachtel, setzte die protestierenden Kätzchen hinein und brachte sie zu uns ins Tierheim.

Die Katzenkinder waren winzig klein, erst circa eine Woche alt, und brauchten daher dringend ihre Mutter. Die Pflege solch kleiner Katzenbabys ist sehr intensiv.

Sie müssen Tag und Nacht gefüttert werden. Herrn H. tat es leid, dass er die Kleinen nicht früher entdeckt hatte. Aber er hatte ja nicht ahnen können, dass er drei kleine Schwarzfahrer an Bord hatte, weil die Katzenmama sie dort untergebracht hatte. Sonst wäre er nicht weggefahren und hätte die Familie nicht auseinandergerissen.

Nachdem er mir genau erklärt hatte, wo er losgefahren war, setzte ich mich mit der ehrenamtlichen Mitarbeiterin des Tierheims Frau K. in Verbindung. Sie ist stets sehr engagiert, wenn ich Unterstützung brauche. So auch dieses Mal. Ich bat sie, die Gegend rings um Herrn H.s gemähte Wiese großräumig nach der Katzenmutter abzusuchen. Sie hatte Zeit und machte sich sofort auf den Weg. Sie suchte nicht nur vor Ort, sondern fragte auch bei den umliegenden Bauernhöfen nach, ob jemand wusste, wem die Katze gehörte. Keiner der Anwohner vermisste eine Katze und niemand schien sie zu kennen. Aber wir hatten Glück. Schließlich entdeckte Frau K. die Katzenmama doch noch auf einem Feld und brachte sie auf dem schnellsten Weg ins Tierheim. Ihr Einsatz hatte sich wieder einmal gelohnt. Mimmi, so nannten wir die Katze, wurde schon sehnsüchtig von ihren Kleinen erwartet und es gab eine große Wiedersehensfreude. Sie war eine sehr fürsorgliche Mutter, die sich vorbildlich um ihren Nachwuchs kümmerte.

Auch später konnte sie keinen Besitzern zugeordnet werden. Niemand meldete Mimmi als vermisst. Ihre Jungen entwickelten sich prächtig und nach zwölf Wochen konnten wir sie an gute Plätze vermitteln. Auch für Mimmi fanden wir einen schönen Freilaufplatz.

Zuvor wurde sie von unseren Tierärzten noch kastriert und gechipt – das wird routinemäßig gemacht, wenn bei Fundkatzen kein Besitzer ermittelt werden kann. Es ist sehr wichtig, etwas dagegen zu tun, dass Jahr für Jahr unkontrolliert so viele Katzenbabys auf die Welt kommen.

Möglicherweise gehörte Mimmi zu einem der Bauernhöfe in der Gegend, in der sie gefunden wurde. Viele Freigängerkatzen bringen ihre Jungen nicht in ihrem Zuhause auf die Welt. Auch nach der Geburt tragen sie die Kleinen häufig an einen anderen Ort, an dem sie sich sicherer fühlen. Es ist also gut möglich, dass Mimmi mit ihren Jungen eines Tages wieder dorthin zurückgekehrt wäre. Aber wir hatten keine Anhaltspunkte dafür und die Recherchen vor Ort hatten nichts ergeben. Es blieb uns also nichts anderes übrig, als sie an einen guten Platz zu vermitteln. Wir bekommen jedes Jahr zahlreiche Fundkatzen, die weder tätowiert noch gechipt sind und von niemandem als vermisst gemeldet werden. Wir tun, was in unserer Macht steht, um sie wieder zu ihren Besitzern zurückzubringen. Falls dies nicht gelingt, ist es das Beste für die Tiere, wenn sie nicht zu lange im Tierheim bleiben müssen und bald wieder ein liebevolles Zuhause finden. Bei Mimmi und ihrem Nachwuchs ist das geglückt.

Die List

Die dreijährige braun-weiße Pointerhündin Bianca wurde von ihrer Besitzerin als vermisst gemeldet. Bianca war mit Reisepaten einer privaten Tierhilfeorganisation nach Deutschland gebracht worden. Sie stammte aus Italien, wo sie als »Gebärmaschine« missbraucht worden war. Ohne ausreichende Erholungsphasen musste sie einen Wurf Welpen nach dem anderen austragen. Auf diese Weise wollte ihr früherer Besitzer möglichst viel Profit mit ihr machen. Tierfreunde entdeckten die Hündin, erbarmten sich ihrer und kauften sie frei.

Die scheue Bianca konnte an nette Leute in Grünwald vermittelt werden. Leider nutzte sie dort die erste Gelegenheit zur Flucht und sprang über den viel zu niedrigen Gartenzaun. Scheue Hunde wie Bianca sollte man besonders geduldig und langsam an ihre neue Umgebung gewöhnen. Sie haben meist schlechte Erfahrungen gemacht und sind ihren neuen Besitzern gegenüber häufig misstrauisch, auch wenn diese sehr liebevoll mit ihnen umgehen. Man muss den Tieren viel Zeit geben, damit sie Vertrauen fassen und sich an ihrem neuen Platz rundum sicher fühlen können. Bei Bianca war diese heikle Eingewöhnungsphase noch längst nicht abgeschlossen. Daher büxte sie aus, als sich ihr die Möglichkeit dafür bot.

Ich riet den Besitzern zu den üblichen Maßnahmen: Sie sollten Aushänge machen, die Polizei, Tierkliniken und Tierarztpraxen in der Nähe verständigen und die Presse einschalten. Mehrere Zeitungen berichteten am nächsten Tag über Bianca, und ich bekam viele Anrufe von Lesern, die sie gesichtet hatten. Sogar ein Jäger hatte die Hündin von einem Hochstand aus durch den Wald hetzen gesehen und versprach, bei der Suche nach ihr zu helfen.

In den nächsten Wochen wurde Bianca immer wieder von aufmerksamen Tierfreunden gesehen. Sie war von Grünwald aus in Richtung München gelaufen, dann in mehreren Randbezirken der Stadt wie etwa im Perlacher Forst und im Ostpark aufgetaucht und fand schließlich Unterschlupf in einer Baumschule im östlichen Stadtbezirk Ramersdorf. Die Inhaber der Baumschule waren damit einverstanden, dass wir Futter auslegten, damit die Hündin dort blieb.

Allerdings versuchten verschiedene Leute, die durch die Zeitungen von ihr erfahren hatten und helfen wollten, die ängstliche Bianca einzufangen. Dadurch fühlte sie sich gejagt und ergriff jedes Mal sofort die Flucht. Daher starteten wir einen neuen Aufruf in den Medien mit dem Hinweis, dass man uns zwar Bescheid geben, aber auf keinen Fall versuchen sollte, die Hündin selbst einzufangen. Nun hatten wir die Situation wieder unter Kontrolle und so konnte Bianca täglich von Helfern angefüttert werden. Tagsüber war sie nie zu sehen. Wahrscheinlich versteckte sie sich in einem Kornfeld, das an das Gelände der Baumschule angrenzte. Aber abends kam sie regelmäßig zurück, um etwas zu fressen. Wir waren froh darüber, denn so konnten wir uns eine Strategie überlegen.

Ich selbst fuhr regelmäßig nach der Arbeit zur Baumschule und beobachtete Bianca. Ich blieb im Auto sitzen, um sie ja nicht zu vertreiben. Sobald sie auch nur den leisesten Verdacht schöpfte, dass wir sie überlisten wollten, konnte unsere ganze Arbeit wieder zunichte sein.

Drei Monate ging es so hin und her. Nachbarn vor Ort hatten mittlerweile die Aufgabe übernommen, regelmäßig Futter bereitzustellen. Bianca kam mehr oder weniger regelmäßig zum Fressen und tauchte dann wieder ab. Schließlich wurde das Kornfeld abgemäht und von da an hielt die Hündin sich durchgehend auf dem großen Gelände der Baumschule auf. Wir parkten nun mein Wohnmobil in der Nähe der Futterstelle. Wir wollten versuchen, die Hündin mit einem Betäubungsgewehr zu betäuben und konnten einen Tierarzt des Münchner Tierparks dafür gewinnen. Allerdings wollte er nicht vom Wohnmobil aus schießen, sondern suchte sich draußen einen Platz, von dem aus er die Futterstelle beobachten konnte. Doch Bianca roch Lunte und ließ sich nicht blicken. Wir mussten uns also wieder in Geduld üben.

Ein paar Tage später kam die Pointerhündin wieder zum Fressen an die Futterstelle. Das berichteten uns Nachbarn, die sie vom Fenster ihres Hauses aus sehen konnten. Nun starteten wir den zweiten Versuch, sie auszutricksen. Wir legten uns gemeinsam mit der

Abgemagert bis auf die Knochen, die Pointerhündin Bianca

Tierärztin des Tierheims im Wohnmobil auf die Lauer. Sie wollte Bianca mit einem Blasrohr betäuben, das sie durch ein geöffnetes Seitenfenster steckte. So hatte sie den Futterplatz direkt im Visier. Zu ihrer gewohnten Zeit tauchte Bianca auf. Die Tierärztin zielte, doch der Schuss ging daneben. Natürlich rannte die Hündin sofort davon. Stunden vergingen, aber wir blieben vor Ort und warteten. Und tatsächlich kam Bianca schließlich wieder, denn sie hatte ja noch nichts gefressen. Wieder setzte unsere Tierärztin das Blasrohr an, zielte und traf dieses Mal genau. Aber der Pfeil prallte an der stark abgemagerten Hündin ab, die nur noch aus Haut und Knochen bestand. Sie machte einen Satz und flitzte erschreckt davon. So war auch diese Chance vertan. Wir waren sehr enttäuscht und mussten unsere Aktion für dieses Mal abbrechen. Das Wohnmobil wurde entfernt. Bianca war ja sehr schlau, wie wir immer wieder feststellen konnten, und hatte mittlerweile gewiss eine Verbindung zwischen den Blasrohrattacken und dem Wohnmobil hergestellt.

Sie wurde erst einmal weiter gefüttert. Aber wir mussten uns dringend etwas einfallen lassen, denn sie war in einem erbärmlichen Zustand. Obwohl stets Futter für sie ausgelegt wurde und sie auch regelmäßig zum Fressen kam, nahm sie nicht zu. Das war kein Wunder, denn sie war ständig im Stress. Sie lief die ganze Zeit in äußerster Anspannung umher und diese Dauerbelastung zehrte an ihr. Nie konnte sie sich an einen sicheren Platz zurückziehen, an dem sie geborgen war. Ununterbrochen fühlte sie sich bedroht und war stets bereit zur Flucht. Ich wollte ihr unbedingt helfen. Es tut sehr weh, wenn man so ein armes Tier sieht, das kein Vertrauen mehr zu Menschen hat und dessen Zustand sich immer weiter verschlechtert.

Nach einer Woche unternahmen wir den dritten Versuch, die Hündin einzufangen. Ich traf mich am Abend mit zwei Kolleginnen aus unserem Pflegeteam und unserer Tierärztin am Futterplatz. Dort mischte sie Schlafpulver unter Biancas Futter. Es war ein ziemlich riskantes Unterfangen, denn die Dosierung des Mittels durfte weder zu niedrig noch zu hoch sein. Zu wenig davon würde nicht wirken. Auf der anderen Seite bestand die Gefahr, die geschwächte Hündin mit einer zu hohen Dosis umzubringen. Aber wir mussten etwas wagen, denn der Hund war extrem abgemagert und würde früher oder später vor Erschöpfung zusammenbrechen.

Nachdem das Futter präpariert war, setzten wir uns alle in unsere Autos und warteten ab. Stunde um Stunde verging. Wir befürchteten schon, dass Bianca wieder etwas gemerkt hatte und gar nicht mehr kommen würde. Doch schließlich tauchte sie in der Dunkelheit auf, lief schnurstracks zum Futterplatz und begann zu fressen. Als sie den Futternapf geleert hatte, bemerkte sie auf einmal, dass etwas nicht stimmte und rannte davon.

Damit hatten wir nicht gerechnet. Wir sprangen aus den Autos und nahmen die Verfolgung auf. Doch in der Dunkelheit war von Bianca nichts mehr zu sehen. Die Baumschule war sehr groß, es gab unzählige Verstecke. Wir suchten fieberhaft alles ab. Wenn wir sie jetzt nicht fanden, war wieder alles umsonst gewesen. Schließlich hatten wir Glück. Wir entdeckten einen großen Holzstapel mit einer Öffnung, leuchteten mit unseren Taschenlampen hinein und konnten am hinteren Ende der kleinen Aushöhlung etwas Helles erkennen. Es war Bianca. Im Schein unserer Taschenlampen sahen wir allerdings auch ein Wespennest unmittelbar vor dem Eingang. Es war zwar dunkel und die Wespen flogen gerade nicht, aber es konnte sehr unangenehm werden, wenn wir sie aufschreckten.

Eine Pflegerin bot sich an, in die winzige Höhle hineinzukriechen. Vorsichtig robbte sie sich Zentimeter um Zentimeter vorwärts, bis sie Bianca bei den Hinterpfoten zu fassen bekam. Das Schlafmittel hatte bereits gewirkt und sie konnte die Hündin langsam herausziehen. Zum Glück blieb im Wespennest alles ruhig. Aber die ganze Aktion war sehr aufregend und wir waren alle sehr angespannt.

Wir trugen Bianca ins Wohnmobil, das wir etwas abseits geparkt hatten. Dort wurde sie von der Tierärztin untersucht. Sie war bis auf die Knochen abgemagert und voller Flöhe. Zunächst bekam sie eine Aufbauspritze und wurde mit einer Decke zugedeckt. Nach einer Weile kam sie wieder zu sich und trank etwas Wasser. Wir waren heilfroh, dass die Dosierung des Schlafmittels nicht zu hoch für sie gewesen war. Zu unserer Überraschung ließ Bianca sich sogar streicheln, ohne dabei zu zittern oder besonders ängstlich zu wirken. Sie fügte sich in ihr Schicksal und merkte wahrscheinlich auch, dass wir ihr helfen wollten.

Anschließend machten wir uns auf den Weg zu einem Pflegeplatz in Starnberg, den ich im Vorfeld organisiert hatte. Die vorigen Besitzer aus Grünwald fühlten sich durch die ängstliche Hündin überfordert und wollten sie nicht mehr zurücknehmen. Herr und Frau S. aus Starnberg hatten dagegen bereits viel Erfahrung mit scheuen Hunden und wollten Bianca zunächst so lange aufnehmen, bis sie wieder aufgepäppelt war und größeres Vertrauen zu Menschen hatte. Sie hatten zwei Hunde, waren aber bereit – zumindest übergangsweise – einen weiteren aufzunehmen. Als wir bei ihnen ankamen, freuten sie sich sehr über den guten Ausgang unserer Aktion. Für Bianca hatten sie ein eigenes kleines »Hundezimmer« vorbereitet, damit sie vorerst nicht durch die anderen Hunde gestört wurde und zur Ruhe kommen konnte. Für den Moment sollte ihr jede weitere Aufregung erspart bleiben.

Als wir uns verabschiedeten, lag Bianca friedlich in ihrem Hundezimmer. Erleichtert und zufrieden fuhren wir nach Hause. Nach drei langen Monaten, in denen es uns viel Zeit und viele Nerven gekostet hatte, war es endlich gelungen, Bianca zu überlisten und fürs Erste gut unterzubringen.

Ein paar Wochen später rief mich Frau S. an. Sie hatte großartige Neuigkeiten für mich: Bianca hatte sich sehr gut erholt und verstand sich außerdem bestens mit den anderen beiden Hunden. Da sie sich offenbar »pudelwohl« fühlte, hatte sich das Ehepaar S. entschlossen, sie zu behalten. »Einen dritten Hund können wir jetzt auch noch versorgen«, meinte Frau S. »Außerdem bringen wir es nicht über das Herz, die kleine Pointerhündin wieder wegzugeben. Sie hat schon genug mitgemacht. Und sie passt einfach prima in unsere Familie. Sie ist ein richtiger kleiner Sonnenschein geworden und schenkt uns allen viel Freude.«

Das freute mich ganz besonders. Nach all den harten Zeiten, die sie durchgestanden hatte, war Bianca nun doch noch in einem liebevollen Zuhause angekommen. Und unsere Mühe, einem armen Lebewesen zu helfen, hatte sich wieder einmal gelohnt.

Was tun, wenn Sie Ihr Haustier vermissen?

Der Notfallplan[1]

- Geben Sie eine **Vermisstenanzeige beim Tierheim** in Ihrer Nähe auf.
- Fragen Sie regelmäßig nach und sehen Sie sich nach Möglichkeit selbst die **Fundtiere im Tierheim** an. Niemand kennt Ihr Tier so gut wie Sie.
- Sehen Sie die **Fundtiere auf den Internetseiten des Tierheims** durch.
- Bringen Sie **Aushänge Ihrer Vermisstenanzeige** in der Nachbarschaft, im nächsten Supermarkt usw. an.
- Sprechen Sie mit **Nachbarn**, dem **Briefträger** und der **Gemeinde.** Erkundigen Sie sich, welche Ihrer Nachbarn im Urlaub sind. Katzen werden oft unabsichtlich in Garagen oder Kellerräumen eingeschlossen.

---

[1] Mit freundlicher Genehmigung des Tierheims München:
Tierheim München gGmbH,
Riemer Straße 270, D-81829 München
Telefon: +49 (0)89-921 000-88
Telefax: +49 (0)89-907 320
info.gmbh@tierheim-muenchen.com

- Veröffentlichen Sie Ihre **Suchmeldung** mittels Zeitungsinseraten in den **Lokalanzeigern, Tageszeitungen** und auf **Facebook.**
- Achten Sie in der Tagespresse und in den Stadtteilblättern auf **Inserate über zugelaufene Tiere.**
- Wenden Sie sich an die **Tierkliniken in Ihrer Nähe.** Tun Sie dies immer wieder von Zeit zu Zeit, denn das Tier kann sich auch erst später Verletzungen zugezogen haben.
- Fragen Sie bei **Tierärzten in Ihrer Nähe** nach Ihrem Tier.
- Eine **Tier-Verlustmeldung** kann beim Ordnungsamt der Stadt bzw. der Gemeinde gestellt werden. Dies dient auch der Klärung der Besitzansprüche, sollte das Tier nach längerer Zeit bei neuen Haltern auftauchen.
- Informieren Sie die **zuständige Polizeidienststelle** bei einem konkreten Diebstahlsverdacht und erstatten Sie eine Tierverlust- bzw. Diebstahlsanzeige.
- Fragen Sie bei der **Feuerwehr** – und falls es in Ihrer Nähe eine **Tierrettung** gibt, auch dort – nach, welche Rettungseinsätze für Haustiere gefahren worden sind.

Bitte geben Sie die Hoffnung nie auf! Wie die Geschichten in diesem Buch zeigen, gibt es immer wieder Haustiere, die sich nach Monaten wieder einfinden.

Haben Sie Ihr Tier gefunden?

Wenn Sie Ihr Tier wiedergefunden haben, informieren Sie bitte alle Stellen, bei denen Sie es vermisst gemeldet hatten, und vergessen Sie nicht, die Suchplakate wieder zu entfernen!

Das können Sie vorsorglich tun:

- **Lassen Sie Ihr Tier kennzeichnen**, auch wenn es nur in der Wohnung lebt! Die gängige Methode ist heute das Einsetzen eines Mikrochips, auch Transponder genannt, der einen – nur einmal vergebenen – 15-stelligen Zahlencode enthält. Dem Tier wird dazu von einem Tierarzt mit einer Spritze ein 12 mal 2 Millimeter großer Transponder ins Gewebe der linken Nackenseite (international normierte Stelle) injiziert. Seit dem 3. Juli 2011 gilt die Chippflicht bei Reisen mit Hunden, Katzen und Frettchen in die Länder der EU!
- **Lassen Sie die Chip- und Tätowierungsnummer bei einem Haustierregister registrieren** – z.B. bei Tasso e.V. oder dem Deutschen Tierschutzbund e.V.

- Sorgen Sie dafür, dass Ihr Hund eine Steuerplakette trägt.
- Lassen Sie auf das Halsband eine Plakette aufnieten, auf dem Ihre aktuelle Telefonnummer eingraviert ist.

Hilfreiche Adressen und Internetseiten

Deutsches Haustierregister in Bonn,
Tel. 01805-231414

www.tasso.net/, Tasso Hattersheim, Tel. 061-909373-0
TASSO e. V. ist das größte Haustierregister Europas.

Ifta, Tel. 01802-13402
Ifta ist die internationale Zentrale zur Tierregistrierung.

petmaxx.com ist eine Suchmaschine für Besitzer von verlorenen und gefundenen Tieren, mit der man online gleichzeitig in zahlreichen Haustierdatenbanken nach elektronisch gekennzeichneten Tieren suchen kann.

Bildnachweis

Abb. S. 64: vario images/Martina Berg
Abb. S. 157: Bildagentur Geduldig/C. Leithold
Abb. S. 199: a1pix/yourphototoday
Abb. S. 56, 91, 103, 108, 150, 214: Tierheim München
Alle übrigen Bilder: Privatarchiv der Autorin